"十三五"国家重点图书出版规划项目
上海市科技专著出版资金资助
能源地下结构与工程丛书

深海能源土离散元数值分析

Numerical Analyses of Methane Hydrate Bearing Sediments by Distinct Element Method

蒋明镜　申志福　著

U0288328

同济大学 出版社
TONGJI UNIVERSITY PRESS
·上海·

图书在版编目(CIP)数据

深海能源土离散元数值分析 / 蒋明镜，申志福著.
上海：同济大学出版社，2024.9. --（能源地下结构
与工程丛书）. -- ISBN 978-7-5765-0075-2

Ⅰ. P618.13

中国国家版本馆 CIP 数据核字第 2024M2X175 号

深海能源土离散元数值分析

Numerical Analyses of Methane Hydrate Bearing Sediments by Distinct Element Method

蒋明镜　申志福　著

责任编辑 李　杰　　**责任校对** 徐春莲　　**封面设计** 陈益平

出版发行	同济大学出版社　　www.tongjipress.com.cn	
	（地址：上海市四平路 1239 号　邮编：200092　电话：021-65985622）	
经　　销	全国各地新华书店	
排　　版	南京文脉图文设计制作有限公司	
印　　刷	常熟市华顺印刷有限公司	
开　　本	787 mm×1092 mm　1/16	
印　　张	11	
字　　数	254 000	
版　　次	2024 年 9 月第 1 版	
印　　次	2024 年 9 月第 1 次印刷	
书　　号	ISBN 978-7-5765-0075-2	

定　　价　98.00 元

内容提要

　　本书围绕深海天然气水合物资源开采热点,系统介绍了采用离散元法研究水合物开采中的深海能源土力学问题的系统成果,包括深海能源土力学特性、离散元数值模拟方法、深海能源土胶结接触模型、深海能源土宏微观力学特性试验的实施与分析、深海锚固桩承载特性模拟、水合物分解以及海底地震导致海底滑坡的流固耦合模拟。本书内容主要反映了采用离散介质力学方法分析疑难岩土工程问题的新方法、新成果与新趋势,有助于推动离散介质力学方法在岩土工程中的深入应用。

　　本书可供从事岩土工程疑难土力学、宏微观多尺度土力学、离散元数值分析等科研人员使用,可供深海天然气水合物开采研究、规划、设计、运行与管理人员学习参考,也可供高等院校土建、地质、力学等相关专业的师生使用。

作者简介

蒋明镜

1965 年生,教授,入选国家百千万人才工程,获"国家有突出贡献中青年专家"称号,国家杰出青年科学基金获得者。国家自然科学基金工程与材料科学部咨询委员会专家、水利/能源学科会评专家、国家自然科学奖会评专家、香港 RGC 基金评审专家等。1986 年于河海大学获工学学士学位,1993 年在硕士研究生期间提前免试攻博,1996 年于南京水利科学研究院获工学博士学位。1998 年任日本大阪土质试验研究所特别研究员,1998—2000 年任日本京都大学特别研究员,2000—2003 年在加拿大拉瓦尔大学从事博士后研究,2003—2004 年在英国曼彻斯特大学从事博士后研究,2004—2006 年在英国诺丁汉大学从事博士后研究。2006 年起任同济大学教授,2018—2021 年任天津大学特聘教授、建筑工程学院副院长,2021 年起任苏州科技大学特聘教授。2010 年起出任国际土力学与岩土工程协会 TC105 技术委员会副主席(三届蝉联)。2019 年任黄文熙讲座第 22 讲主讲人,2019—2023 年五次入选 Elsevier 公布的中国高被引用作者,2019—2022 年四次入选美国斯坦福大学公布的全球前 2% 杰出科学家,2021—2023 年入选全球学者库网站公布的全球顶尖 10 万科学家(皆为三大榜单中的年度与终身成就)。研究方向:深海(深海能源土/固碳土、钙质砂)、深地(深部岩体、土体)、深空(月球土、火星土、小行星土)等"三深"岩土工程问题;黄土、结构性软土、生/植物加固土等疑难土工程问题。主持科研项目:国家杰出青年科学基金、国家自然科学基金重点项目和重大项目课题各 1 项,国家"973 计划"课题和子课题各 1 项,国家重点研发计划课题 1 项,国家自然科学基金面上项目 4 项,欧共体项目 2 项(中方首席),"嫦娥工程"系列、"天问一号"、"天问二号"等项目 8 项,以及日本关西机场人工岛、大连金水湾机场人工岛、南海岛礁建设等项目。发表学术论文 650 余篇,其中,ESI 高被引论文 3 篇,SCI 检索期刊论文 200 余篇,EI 检索期刊论文 348 篇,SCI 总引 5 000 多次,ResearchGate 总引 8 000 多次,H 指数为 48。获国际 Scott Sloan 优秀论文奖 1 项。被授权专利 7 项,软件著作权 40 余项。部分成果被英国帝国理工学院教授以姓氏命名(蒋氏模型和蒋氏制样方法)收录在学术专著目录和章节中。

申志福

1988 年生,南京工业大学副教授,硕士生导师。2011 年毕业于同济大学,获工学学士学位;2016 年毕业于同济大学,获工学博士学位。主要从事宏微观土力学及数值模拟的教学与科研工作。承担国家自然科学基金青年基金 1 项,江苏省科技厅自然科学基金青年基金 1 项,江苏省高等学校自然科学研究面上项目 1 项。在特殊土体离散元数值模拟方法、土体宏微观关联理论与方法、结构性土损伤机理等方面开展了系统研究并取得丰富成果。发表 SCI 检索期刊论文 29 篇,EI 检索期刊论文 15 篇,获国际 Scott Sloan 优秀论文奖 1 项。

前　言

　　深海能源土是一种含天然气水合物的深海沉积物,是一种特殊的岩土工程材料。深海能源土中的天然气水合物储量巨大,其有望成为解决全球能源危机的未来重要绿色能源,全球 30 多个国家和地区竞相开采研究。

　　水合物开采一般通过改变地层温度、压力或注入化学试剂等形式使固体水合物分解为气体,也可采用固态流化法将深海能源土破碎流化形成浆体后再经输运、分离、回填固化实现开采。在采用分解法的试开采中发现,泥砂可通过井眼进入井内堵塞井筒导致开采失败。已有研究表明,水合物分解会显著降低能源土的强度和模量,能源土破碎流化将在地层中形成空腔,这些都可能引起一系列岩土工程灾害,如海床沉降、地基失稳、开采井破坏、锚固桩丧失承载力,还可能引发海底滑坡,从而造成海底工程设施(如管道、电缆等)的毁坏以及海洋生态环境的破坏,海底滑坡还可能诱发海啸,威胁沿海低洼城市。此外,水合物无序分解可加速温室效应。

　　从岩土工程角度分析,水合物开采过程中的工程风险本质上源自水合物分解引起的深海能源土力学特性劣化,因此,对深海能源土力学特性的探知和正确描述对于预测、控制水合物赋存区地层的变形与破坏,保证水合物安全高效开采意义重大。传统土力学基于宏观单元试验结果唯象地描述土体力学特性,这必然要求沿不同加载路径开展大量高质量原状土试验,而当前开展深海能源土的高质量原状土试验还困难重重。更为困难的是,宏观单元试验无法提供微观机理,难以形成对深海能源土力学特性的完整认识和科学描述。

　　为解决这一问题,一种可行的思路是采用宏微观土力学的研究思想。宏微观土力学以离散元法为桥梁,从微观走向宏观,解决岩土力学与工程中的疑难、关键问题,帮助提高工程实践水平。其从微(粒)观特性的探知和描述入手,力图从本质上探求岩土材料复杂宏观特性的微细观机理,建立宏微观特性的跨尺度关联和多尺度分析理论与方法,为现代土力学开启了新视野。经过近 40 年的发展,宏微观土力学逐渐发展成为独立的研究方向,在试验、理论、数值模拟、基础应用研究等方面取得了长足进步,成为土力学与岩土工程领域最具活力的研究方向之一。

　　本书将介绍笔者在宏微观土力学框架中针对深海能源土和水合物开采取得的一系列研究成果。内容涵盖离散元数值模拟方法、深海能源土胶结接触模型、深海能源土宏微观力学特性等基础理论成果,还包括水合物开采引起的锚固桩抗拔承载力衰减、水合物分解

1

诱发海底滑坡等工程问题的研究成果,以期促进对深海能源土力学特性的认识,为水合物安全、高效开采提供理论支撑。

本书是笔者多年科研工作的结晶,主要研究成果离不开笔者的几名研究生的贡献,他们分别是张望城、朱方园、周雅萍、孙超、肖俞。在成稿过程中,同济大学王华宁教授、武汉大学司马军副教授、石家庄铁道大学张伏光博士、合肥工业大学奚邦禄博士等多次参与讨论,提出了许多宝贵的修改意见。在本书编写过程中,天津大学雷华阳教授对第2章、第7章提出了宝贵意见,中国地质大学(武汉)宁伏龙教授对第3章、第5章提出了宝贵意见,大连理工大学王胤教授对第4章提出了宝贵意见,上海交通大学张璐璐教授对第6章、第8章提出了宝贵意见,笔者在此表示由衷感谢。本书的研究工作得到了国家自然科学基金重大项目(51890911)、国家自然科学基金重点项目(51639008)、国家杰出青年科学基金(51025932)、教育部博士点基金(20100072110048)等项目的资助,在此一并致谢!

由于笔者水平有限,书中的谬误和不当之处在所难免,敬请读者不吝赐教。

著　者

2023 年 12 月

符号说明

A_b——接触处水合物胶结面积

A_S——二维离散元试样总面积

A_{MH0}、A_{MH1}、A_{MH}——二维能源土数值试样中填充形态水合物的面积、胶结形态水合物的面积、水合物的总面积

$\boldsymbol{a}$——平均位移梯度张量

B——胶结宽度

B_f、B_f^*——水状态方程拟合参数

c——黏聚力

c_n、c_s、c_r——颗粒接触法向、切向和弯转向黏滞阻尼系数

c_n^{cr}、c_s^{cr}——法向、切向临界阻尼系数

C_D、C_M——拖拽力系数、马格纳斯力系数

C_N、$C_{N,M}$——配位数、力学配位数

C_v——比热容

d——距离

d_{50}——中值粒径

d_p——颗粒直径

$\overline{d}_p$——代表性单元内颗粒的平均粒径

D_{nd}、D_p、D_{vd}——数值阻尼、接触滑动、接触阻尼耗散能

e——孔隙比

e_r——碰撞恢复系数

E、E_{50}——弹性模量、割线模量

E_e、E_k——弹性储存能、动能

F_{anchor}——锚固桩抗拔承载力

F_n^b、F_s^b——胶结传递的法向力、切向力

F_n^d、F_s^d——法向、切向黏滞阻力

F_n^p、F_s^p——颗粒直接接触传递的法向力、切向力

F_r——软胶结作用力

$\boldsymbol{f}_b$——单位体积散粒体受到的流体压差力

$\boldsymbol{f}_{drag}$——单位体积散粒体受到的流体拖拽力

$\boldsymbol{f}_{int}$——流体与颗粒间相互作用力

$\boldsymbol{f}_m$——单位体积散粒体受到的马格纳斯力

$\boldsymbol{F}_a$——单个颗粒受到的外加荷载

$\boldsymbol{F}_b$——Branch 组构张量

$\boldsymbol{F}_c$——接触组构张量

$\boldsymbol{F}_m$——单个颗粒受到的马格纳斯力

$\boldsymbol{F}_u$——单个颗粒受到的不平衡力

$\boldsymbol{F}_w$——墙体边界对试样施加的力

g_s、f_s、g_r、f_r——胶结抗剪、抗弯强度包络线形状系数

G——剪切模量

$\boldsymbol{g}$——重力加速度

h——胶结弹簧单元长度

h_{cr}——水合物形成的临界胶结厚度

h_{min}、h_{max}——胶结接触处最小、最大胶结厚度

$\boldsymbol{I}$——转动惯量

k——热传导系数

K_n^b、K_s^b、K_r^b、K_t^b——胶结法向、切向、弯转向、扭转向刚度

K_n^p、K_s^p、K_r^p、K_t^p——颗粒直接接触法向、切向、弯转向、扭转向刚度

K_{un}^p——颗粒直接接触的法向卸载刚度

$\bar{K}_n$、$\bar{K}_s$——平行胶结模型中的胶结法向、切向刚度

$\boldsymbol{k}$——热传导张量

l——长度

L——温压参数

$\boldsymbol{l}$——两颗粒中心连线矢量

m——颗粒质量

M_r^b、M_t^b——胶结传递的弯矩、扭矩

M_r^d——弯转向黏滞阻力矩

M_r^p、M_t^p——颗粒直接接触传递的弯矩、扭矩

$\boldsymbol{M}_u$——颗粒受到的不平衡力矩

n——孔隙率

N_c、N_p、$N_{p,0}$、$N_{p,1}$——接触数、颗粒数、悬浮颗粒数、只有一个接触的颗粒数

$\boldsymbol{n}$——单位法向矢量

p——球应力

p^*、$\bar{p}$——上负荷面剑桥模型中重塑土、原状土的球应力

p_a——大气压值(101 kPa)

p_s、p_m——Nova 结构性土模型中的硬化参数

p_0'、p_s'——Liu-Carter 结构性剑桥模型中的硬化参数

P、P^*——水压、无量纲水压

q^*、$\bar{q}$——上负荷面剑桥模型中的重塑土、原状土的偏应力

$q_{max,c}$、$q_{max,t}$——水合物三轴压缩、拉伸加载的峰值强度

q、q_p——剪应力、峰值剪应力

q_v——介质内部热源强度

Q——热流功率

Q_v——热源强度

$\boldsymbol{q}$——介质的热传递矢量

r_n、r_s——颗粒接触法向、切向阻尼比

R、$\bar{R}$——颗粒半径、调和平均半径

R^*——上负荷面剑桥模型、Rouainia-Wood 结构性土模型中破损参数

Re——雷诺数

$R_{s,resid}^b$、$R_{r,resid}^b$——胶结破坏面抗剪、抗弯强度

R_{ntb}、R_{ncb}、R_{sb}、R_{rb}、R_{tb}——胶结抗拉、抗压、抗剪、抗弯、抗扭强度

s——海水浓度

s_p——加卸载刚度比

S_{MH}——饱和度

S_{MH0}——以孔隙填充形式存在的水合物饱和度

S——面积

T、T^*——温度、无量纲温度

$\bar{\boldsymbol{t}}$——表面荷载矢量

u_n——接触处法向重叠量

u_{n0}——胶结生成时法向重叠量

$\dot{u}_n$——接触处法向压缩速率

u_s^b、u_s^p——胶结接触、颗粒直接接触处切向相对位移

$\dot{u}_s^b$、$\dot{u}_s^p$——胶结接触的相对剪切速率、颗粒直接接触的相对剪切速率

$\boldsymbol{u}_p$——颗粒位移

$\boldsymbol{u}_{p-p}$——两颗粒间的相对位移

$\boldsymbol{u}_w$——边界墙体位移

V——体积

$\boldsymbol{v}_f$——流体速度

$\boldsymbol{v}_{f-p}$——颗粒与流体间的相对速度

$\bar{\boldsymbol{v}}_p$——代表性单元内颗粒的平均速度

W——外界输入功

$\boldsymbol{x}$、$\dot{\boldsymbol{x}}$、$\ddot{\boldsymbol{x}}$——颗粒位置、速度、加速度

β^b——胶结破坏面抗转动系数

β^p——颗粒接触面抗转动系数

Γ——无量纲角速度

$\Delta u_{s,slide}^p$——颗粒接触滑动位移增量

ε_a——轴向应变

ε_v——体积应变

$\dot{\varepsilon}_1$、$\dot{\varepsilon}_3$——大、小主应变率

$\bar{\boldsymbol{\varepsilon}}$——散粒体材料应变张量

$\bar{\boldsymbol{\varepsilon}}^{\mathrm{d}}$——损伤部分的应变张量

$\boldsymbol{\zeta}$——用于平均位移梯度张量计算的互补面积矢量

η——传热管道的单位长度热阻

$\theta_{\mathrm{r}}^{\mathrm{b}}$、$\theta_{\mathrm{r}}^{\mathrm{p}}$——胶结接触、颗粒直接接触处的相对弯转角

$\theta_{\mathrm{t}}^{\mathrm{b}}$、$\theta_{\mathrm{t}}^{\mathrm{p}}$——胶结接触、颗粒直接接触处的相对扭转角

$\dot{\theta}_{\mathrm{r}}^{\mathrm{b}}$、$\dot{\theta}_{\mathrm{r}}^{\mathrm{p}}$——胶结接触、颗粒直接接触处的相对弯转角速率

$\dot{\theta}^{\mathrm{c}}$——接触处颗粒纯转动引起的转动速率

θ、$\dot{\theta}$、$\ddot{\theta}$——颗粒在惯性主轴上的角度、角速度、角加速度(二维情况下退化为标量)

$\boldsymbol{\iota}$——用于平均位移梯度张量计算的多边形矢量

λ——胶结残余抗压参数

λ_{v}——体积破损率

μ——流体黏滞系数

μ^{b}——胶结破坏面摩擦系数

μ^{p}——颗粒接触摩擦系数

ξ——水合物强度的率相关系数

ρ_{f}——流体密度

ρ、ρ^{*}——密度、无量纲密度

σ_{c}、σ_{t}——水合物在三轴压缩试验中的极限大、小主应力

σ_{w}——水压

$\bar{\boldsymbol{\sigma}}$——散粒体材料应力张量

$\bar{\boldsymbol{\sigma}}^{\mathrm{d}}$——散粒体材料中损伤部分的应力张量

$\bar{\boldsymbol{\sigma}}^{\mathrm{in}}$——散粒体材料中未损伤部分的应力张量

φ——内摩擦角

ψ——剪胀角

ω_{3}^{c}——平均纯转动率

$\bar{\omega}_{\mathrm{b}}$——基于应变分担的结构性土破损参数

$\bar{\omega}_{\mathrm{B}}$——基于应力分担的结构性土破损参数

目　录

1　绪论 ……………………………………………………………………… 1

2　深海水合物开采与能源土力学特性 ……………………………… 3
　2.1　深海水合物的赋存条件与全球分布 ……………………………… 3
　2.2　深海水合物开采技术与实践 ……………………………………… 4
　2.3　深海能源土的关键力学特性 ……………………………………… 8
　2.4　本章小结 ………………………………………………………… 11

3　离散元数值模拟方法 …………………………………………… 12
　3.1　离散元法基本原理 ……………………………………………… 12
　3.2　离散元法的模拟步骤 …………………………………………… 18
　3.3　离散元耦合方法与技术 ………………………………………… 21
　3.4　微观接触本构模型框架 ………………………………………… 25
　3.5　本章小结 ………………………………………………………… 29

4　深海能源土胶结接触模型 ……………………………………… 30
　4.1　考虑水合物胶结形态的接触模型 ……………………………… 30
　4.2　基于温压状态的水合物胶结力学参数确定方法 ……………… 38
　4.3　基于水合物饱和度的胶结物几何参数确定方法 ……………… 45
　4.4　水合物胶结接触模型的动力推广 ……………………………… 51
　4.5　本章小结 ………………………………………………………… 54

5　常规加载条件下胶结型深海能源土宏微观力学特性 ………… 55
　5.1　深海能源土力学特性的温压状态依赖性 ……………………… 55
　5.2　深海能源土双轴剪切试验模拟方法 …………………………… 57
　5.3　深海能源土宏观力学特性规律 ………………………………… 60
　5.4　深海能源土微观力学响应规律 ………………………………… 71
　5.5　深海能源土的应变局部化响应规律 …………………………… 83

　　5.6　本章小结 ··· 96

6　热源升温场下深海能源土中锚固桩承载特性模拟 ··············· 97
　　6.1　工程背景 ··· 97
　　6.2　深海能源土地基及锚固桩模型的建立 ····················· 98
　　6.3　考虑开采温度场的锚固桩抗拔承载特性模拟方法 ········ 101
　　6.4　锚固桩抗拔承载特性 ··· 106
　　6.5　锚固桩上拔过程中周围地层宏微观响应规律 ··············· 111
　　6.6　本章小结 ··· 121

7　水合物赋存区海底滑坡的流固耦合模拟 ·························· 123
　　7.1　工程背景 ··· 123
　　7.2　水合物赋存区海床斜坡模型的建立 ·························· 124
　　7.3　水合物分解诱发的海底滑坡 ···································· 131
　　7.4　地震诱发的海底滑坡 ··· 142
　　7.5　本章小结 ··· 148

8　展望 ··· 150

参考文献 ··· 152

1 绪 论

天然气水合物(又称可燃冰)是由具有相对较低分子质量的气体(如甲烷、乙烷、丙烷、二氧化碳、氮气等)和水在低温(通常 0～10℃)高压(通常大于 10 MPa)条件下形成的一种笼形结构的固态类冰状物质,主要赋存于海底沉积物、陆域永久冻土带以及一些深水湖泊底部沉积物中[1-4]。全球水合物资源量约为 20 万亿吨油当量,是常规煤炭、石油和天然气总含碳量的两倍[5]。我国已探明天然气水合物资源储量约为 803 亿吨,接近我国常规石油资源量,其中南海地区天然气水合物资源储量占全国总量的 80％[5]。

天然气水合物有望成为解决全球能源危机的未来重要绿色能源,全球 30 多个国家和地区竞相开采研究。俄罗斯在 1999 年已拥有西西伯利亚麦索亚哈冻土区天然气田,加拿大和日本于 2002 年联合在马利克冻土区、麦肯锡三角洲冻土区完成了天然气水合物的试验性开采,美国于 2007 年在阿拉斯加北坡钻取第一口研究井,韩国先后于 2007 年、2010年在郁龙盆地进行了天然气水合物钻探,日本于 2013 年在全球首次通过分解南海海槽天然气水合物获得气体资源,印度、挪威、德国、刚果、巴基斯坦等国家也开展了相关研究。在激烈的国际竞争中,南海天然气水合物资源一直是周边国家争夺的焦点。我国在2016 年 2 月 26 日通过的《中华人民共和国深海海底区域资源勘探开发法》大力鼓励对海洋资源的勘探开发研究。在坚持"搁置争议,共同开发"基本政策的同时,提高我国天然气水合物资源自主、安全、高效的开发能力是解决南海争端的有效方法,并已成为经济、社会和国家安全的重大需求。我国也分别于 2017 年和 2020 年在南海神狐海域完成了探索性试采和试验性试采,取得了阶段性成功。

水合物开采一般通过改变地层温度、压力或注入化学试剂等形式使固体水合物分解为气体,也可采用固态流化法将深海能源土破碎流化形成浆体后再经输运、分离、回填固化实现开采。水合物分解会显著降低能源土(指含天然气水合物的土体)的强度和模量,能源土破碎流化将在地层中形成空腔,这些都可能引起一系列岩土工程灾害,如海床沉降、地基失稳、开采井破坏、锚固桩丧失承载力,甚至可能引发海底滑坡,从而造成海底工程设施(如管道、电缆等)的毁坏。俄罗斯、美国、加拿大、日本等国家的天然气水合物试验性开采过程中均出现过生产井周围土层沉降和垮塌、井壁失稳、井底出砂、堵塞等事故[6,7]。历史上一些重大的海底滑坡事件据推测与海底滑坡有密切关系,包括挪威Storegga 滑坡、大西洋 Cape Fear 滑坡、加拿大西北岸波弗特海滑坡以及西地中海的Balearic 巨型浊流层、南美亚马孙冲积扇、西非大陆架、哥伦比亚大陆架、美国太平洋沿岸及日本南部的海底滑坡[8-12]。此外,水合物赋存区与地震多发区有大量重叠区域,含水合物海底边坡在地震作用下的滑动失稳也是水合物开采面临的重大风险。因此,如何选择安全的开采模式和开采区域,降低开采活动对海洋环境的影响,成为水合物实际开采过程中的首要问题。

深海能源土因含天然气水合物而成为一种特殊的岩土工程材料(此处深海指海平面以下 500~1 500 m 的水深范围)。从岩土工程角度看,水合物开采过程中的工程风险本质上源自水合物分解引起的深海能源土力学特性劣化,因此,对深海能源土力学特性的探知和正确描述对于预测水合物赋存区地层的变形、破坏及相关的灾害防治具有重要作用。通过对原状土和人工制备试样的大量试验研究,现已基本掌握简单力学加载情况下深海能源土的物理、力学特性规律,揭示了水合物饱和度(定义为土体孔隙中水合物体积的占比)、水合物在深海能源土孔隙中的赋存形式、温度与孔隙水压对深海能源土物理、力学特性的影响机理。然而,实际水合物开采是一个涉及多场、多相、多过程、多尺度的复杂工程问题,水合物分解过程中深海能源土物理、力学特性的动态变化规律还需要大量深入研究。综合来看,目前对深海能源土和相关岩土工程问题的研究还处于起步阶段,开采过程中的灾变机制以及深层次理论问题尚未得到解决,这已成为制约我国深海能源土安全开采技术发展而亟待突破的基础理论瓶颈。

当前从岩土工程角度研究深海水合物开采相关问题的方法主要有理论方法(如解析方法、极限平衡稳定性分析方法)、数值模拟方法(以多场耦合有限元模拟为主)、试验方法(包括深海能源土单元试验、$1g$ 模型试验、ng 离心机试验等)。其中,理论分析方法的优势在于可获得封闭解、便于使用且易于规范化,在水合物开采井壁、海底边坡稳定性评价中使用较多,但仅适用于简单情况。以有限元为主的数值模拟方法能反映水合物开采中的多场、多相、多物理过程,特别适用于复杂工况下的开采响应分析,但对出砂、地层破坏和大变形等问题的分析存在一定困难,对水合物本构模型的要求也很高。试验方法是获取深海能源土力学特性、揭示水合物开采灾变机理必不可少的手段,但因必须还原现场的温度、水压、应力条件,对试验设备和操作要求极高,试验费用也非常昂贵。

除上述方法外,离散元数值模拟也是一种重要的研究手段。其独特优势在于可揭示土体宏观力学特性的微观机理。深海能源土力学特性以及水合物开采过程中的灾变问题都可最终归结为颗粒尺度的力学特性,如水合物分解导致的粒间胶结损伤对应于宏观土性的劣化,水合物分解产气导致的粒间接触力降低对应于有效应力的降低。离散元数值模拟既能用于颗粒尺度接触特性研究,也能用于深海能源土本构理论研究,还可直接模拟工程边值问题,具有跨尺度优势[13]。离散元法既是对传统方法的补充,又是对研究手段的有力扩展。因此,本书重点介绍离散元法在研究深海能源土力学特性和水合物开采过程方面的系统成果。

本书第 2 章介绍深海水合物开采与能源土特性方面的基本知识和最新研究进展,为后续章节介绍采用离散元法研究水合物开采过程中的岩土工程问题提供基础。第 3 章简要介绍离散元法的基本原理、模拟步骤、耦合模拟方法与技术以及离散元法的核心——微观接触本构模型。第 4 章详细介绍胶结型深海能源土微观静动力接触本构模型的开发。第 5 章采用离散元法研究深海能源土特殊力学特性、揭示微观机理的成果。第 6 章采用离散元法模拟深海能源土中锚固桩承载特征。第 7 章采用离散元法模拟水合物分解和地震诱发的海底滑坡。第 8 章为研究展望。本书的研究结论对水合物安全开采具有重要指导意义。

2 深海水合物开采与能源土力学特性

本章首先介绍深海水合物的分布与稳定赋存条件,这是深海水合物开采策略制订、技术选择的关键依据;其次介绍当前深海水合物试采技术新进展,体现了当前工程技术条件下的最优开采方案;最后介绍深海能源土的关键力学特性,这是从岩土工程角度研究、解决水合物安全高效开采技术的核心内容。本章旨在帮助读者建立与深海水合物开采相关的基本知识,为后续章节介绍采用离散元法研究相关岩土工程问题提供背景知识。

2.1 深海水合物的赋存条件与全球分布

天然气水合物在水源和气源充足、高压低温的热力学环境下生成并稳定赋存。水合物的稳定温压边界如图 2-1 中点划线所示[14],稳定边界温度随着水深增大(压力增大)而逐渐升高。海水温度从表面沿深度方向递减,但由于海底地层中地温梯度的存在,温度又会逐渐升高,如图 2-1 中点线所示。理论上推断海床中水合物稳定赋存的可能区域为海底大陆架边缘沉积层。

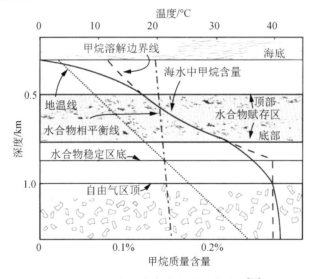

图 2-1　水合物在海底的赋存范围[14]

图 2-2 给出了全球天然气水合物赋存区的勘察位置和理论厚度[15]。目前多个地区已发现具有广阔开采前景的天然气水合物储层,例如美国 Blake 海台[16]、墨西哥湾[17,18]、日本南海海槽[19]、韩国郁龙盆地[20]、中国南海神狐海域和珠江口盆地[21-23]等。截至 2020年,已有四处陆地冻土区和两处海洋区进行了水合物试采。冻土试采区分别是俄罗斯麦索亚哈气田、美国阿拉斯加北坡、加拿大马利克三角洲地区、中国祁连山木里地区;海洋试

采区为日本南海海槽和中国南海神狐海域。

值得注意的是,天然气水合物对赋存温压环境变化特别敏感,其赋存与分布可能是动态变化的,地震、海底洋流、海平面骤降以及人工开采等活动均可能引发其分解。

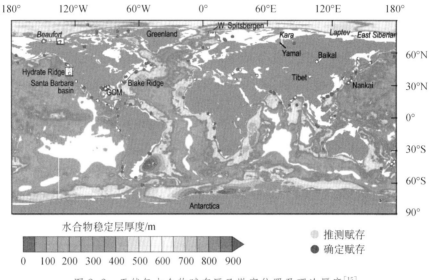

图 2-2　天然气水合物赋存区已勘察位置及理论厚度[15]

2.2 深海水合物开采技术与实践

2.2.1 深海水合物的赋存形态

甲烷水合物中甲烷分子和水分子的数量比约为 1∶6,但甲烷气体的溶解度极低(大约每 800 个水分子只能溶解 1 个甲烷分子),因此,实际能源土中的水合物是甲烷以气体形式或溶解形式经长时间在孔隙内流动、在适当的温压状态下化合形成的。

天然气水合物钻探结果表明,水合物在自然界的生成主要受到温度、压力、盐度、气源等条件影响,沉积层土性与地质构造等则控制水合物的赋存,如综合大洋钻探计划(International Ocean Discovery Program,IODP)第 311 航次观测发现:该航次调查区的细粒富黏土质沉积层中未发现水合物,而粗粒浊积砂层是水合物的主要赋存层[24-26]。郁龙水合物勘探计划(Ulleung Basin Gas Hydrate,UBGH)第 1 航次观测发现:调查区内泥质沉积物中的水合物主要以裂隙充填的方式赋存,而层状浊积砂中的水合物主要以孔隙填充的方式赋存[20,27]。图 2-3 所示为 Waite 等[14]给出的天然状态下水合物常见的赋存形式。Holland 等[26]总结了近年来历次海洋钻探试验中水合物的存在形式并指出,砂土中的水合物主要以高度分散的形式存在[图 2-3(a)],黏土中的水合物主要以块状、核状、层状等形式存在[图 2-3(b)]。当前一般认为砂土微观孔隙中水合物的存在形态有图 2-4 所示四种形式:裹覆结构、胶结结构、填充结构和土体骨架结构[28]。具体存在形式主要受以下三种因素控制。①水合物饱和度:净砂沉积物中水合物饱和度小于 20% 时,主要为孔隙填充型水合物;饱和度超过 40% 后,水合物以胶结或骨架填充形式存在[29]。②气体供应速率:当气流充足、沉积物中气体流通性较好时,通常形成粒间胶结水合物[30]。③沉积物颗粒形态:有孔虫壳体沉积物中水合物主要在壳体内壁附着生长[31]。也有研究发现,实际中往往同时存在多种结构形式[32],如图 2-4(e)所示。此外,水合物还以巨大块体形式存在于海底裂隙中,或在黏土层中形成大型透镜体。

粉、砂土层中的水合物因相比黏土层中的水合物更易开采而成为目前研究的主流。不同的微观形态将从根本上影响能源土的宏观力学特性,也决定了水合物开采方法的选择。

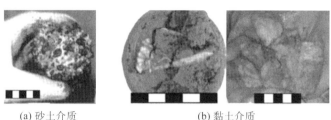

(a) 砂土介质   (b) 黏土介质

图 2-3　天然状态下水合物存在形态[14]

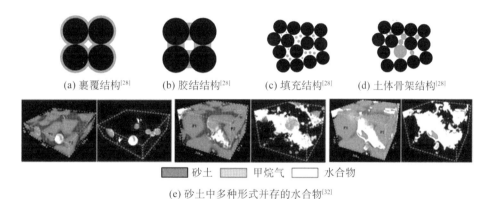

(a) 裹覆结构[28]　　(b) 胶结结构[28]　　(c) 填充结构[28]　　(d) 土体骨架结构[28]

■ 砂土　　▦ 甲烷气　　□ 水合物

(e) 砂土中多种形式并存的水合物[32]

图 2-4　砂土中水合物的存在形式

2.2.2　深海水合物开采方法

目前提出的各种深海水合物开采方法均处于理论阶段或试采阶段,其基本原理是使水合物赋存温压环境位于相平衡范围以外而分解,主要包括热激发法、降压法、抑制剂法、置换法、固态流化法及多种技术的联合法等,如图 2-5 所示。

1. 热激发法

热激发法又称注热法,是指通过电磁波等方式直接对储层进行加热或者将热水、蒸汽或其他流体注入水合物储层,提高储层温度,引发水合物分解。目前热激发途径包括注入上层热海水、注入温度较高的热水(或热盐水、热蒸汽)、利用下部地热能等。热激发法具有工艺简单、效果显著、可控性良好和适用范围广等特点,但由于热激发法需加热相邻地层,热量损失大,单独使用的成本高、效率低。

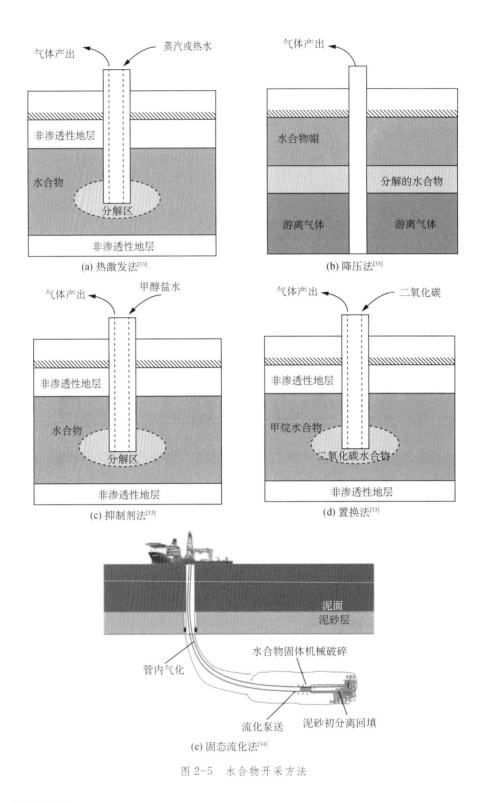

(a) 热激发法[33]

(b) 降压法[33]

(c) 抑制剂法[33]

(d) 置换法[33]

(e) 固态流化法[34]

图 2-5　水合物开采方法

2. 降压法

降压法是指通过将开采井周孔隙水压力降低到水合物相平衡压力以下,从而使水合物分解的方法;或者当天然气水合物储层下方存在游离气体或其他流体时,通过泵出水合物储层下方的流体来降低储层压力从而实现开采的方法[33]。降压法可促使大量水合物分解,具有开采成本较低、设备简单、操作便捷等优点,是公认的最为经济有效和简单方便的开采方式,是目前试采的主要方法。但降压法要求压力降低能够在储层中有效传播和保持,且地层中有充足的热量供给以对抗分解吸热导致的降温。

3. 抑制剂法

抑制剂法通过向储层中注入化学试剂促进水合物分解。其中,热力学抑制剂改变水合物的相平衡条件,使水合物的相平衡曲线向低温高压方向移动;动力学抑制剂通过分子间的相互作用阻碍气体分子与水笼的结合,水合物难以成核和生长。抑制剂法可以提高天然气产量,在开采初期以很低的能量注入即可实现水合物的分解,但是抑制剂价格较昂贵,且会对海洋生态环境带来不良影响,因此一般起辅助作用。

4. 置换法

置换法是指注入二氧化碳或其他比甲烷更容易形成水合物的气体,将水合物中的甲烷置换出来的方法。置换过程中释放的热量可供甲烷水合物分解,置换形成的新气体水合物仍存在于储层孔隙中,有利于海床稳定,进而降低地质灾害发生的可能性。然而,置换法效率低,所需条件较为苛刻,单一使用时不具有商业开采价值。

5. 固态流化法

固态流化法是近几年提出的水合物新型开采方法,对于疏松地层水合物具有很高的开采效率[34]。该方法通过机械手段将固态天然气水合物储层破碎流化为天然气水合物浆体,通过井管循环举升至海面或地面分解、分离装置。该方法适用于埋深浅、没有致密盖层、结构疏松、胶结程度低、易于碎化的储层,可以实现原位固态开发,降低水合物分解引起的工程地质灾害风险。但其技术难度高,还面临大规模海底采掘对海底生态的影响问题。

上述单一开采方法往往效率不高,针对各种开采方法的优势及不足,学界更倾向于将两种或多种方法相结合,从而提高开采效率、安全性以及适用性。目前的联合法理论大多以降压法为主,以热激发法、抑制剂法等为辅,其中降压-注热联合法被认为最有前景,该方法通过注热解决了降压法开采中热量供应不足这一核心问题,能显著提高开采效率。

2.2.3 水合物试采实践

水合物试采实践最早从冻土区水合物储层开始,随后拓展至深海水合物储层。冻土区与深海区水合物开采原理基本一致,但具体技术有一定差别,以下就冻土区与深海区水合物试采进行简要介绍。

1. 冻土区水合物试采

俄罗斯于20世纪60年代末在麦索亚哈气田进行商业性开采后发现气田上方存在冻土天然气水合物层,采用降压法并随后结合化学抑制剂法进行了试采。加拿大先后于2002年和2008年在马利克冻土带进行了热水循环注热法和降压-注热联合法试采,结果表明,单纯注热法的开采效率很低,而降压法更为有效。美国于2012年在阿拉斯加Prudhoe Bay Unit地区开展了二氧化碳置换和降压联合法试采,结果表明,这两种方法联合开采陆上水合物是可行的。我国地质调查局先后于 2011 年和 2016 年在祁连山冻土区组织实施了两次试采试验,其中 2011 年运用降压法和加热法采用单井直井方案试采,2016 年改进为"山"字形水平对接井再次试采,初步掌握了试采的关键技术[35]。

    2. 深海水合物试采

    日本先后于 2013 年和 2017 年在南海海槽进行了两次降压法试采,由于含水合物砂土储层中颗粒运移量大,出砂严重,造成机械磨损、管道堵塞而无法长期连续开采。我国于 2017 年 5—7 月在南海神狐海域采用降压法进行了首轮"探索性试采",水合物位于泥质粉砂地层中,井筒垂直穿过天然气水合物储层;随后于 2020 年 3 月完成了第二轮"试验性试采",并创造了"产气总量 86.14 万 m³""日均产气量 2.87 万 m³"两项新的世界纪录。第二轮试采实现了从垂直井到水平井钻采技术的升级换代,在储层中穿行长度更长,与储层接触面积更大,能够有效提高产气规模。此外,第二轮试采还建立了环境监测与保护体系,进一步证实了天然气水合物绿色开发的可行性。然而,目前还需开展大量的研究、试采工作,以确保安全、高效、绿色开采。

    深海水合物试采成功既需要先进技术的保障,也需要完善理论的支持。特别是深海水合物开采涉及多场、多相、多物理化学过程,问题本身十分复杂,水合物安全高效开采必然要求对这些复杂过程从理论上深入分析并转化为实用的开采控制技术,而从岩土工程角度研究水合物开采过程中地层的稳定性是其中非常重要的组成部分。

2.3 深海能源土的关键力学特性

    深海能源土宏观力学特性由土骨架和纯水合物的力学特性共同决定。对不含水合物的土体骨架力学特性研究一直是岩土工程中的重点内容,而对纯水合物以及深海能源土力学特性的认识目前仍处于试验资料积累阶段。

2.3.1 纯水合物力学特性

    针对纯水合物开展的大量三轴压缩试验表明,其剪切强度随围压、加载速率、密度的增加而增加,随温度的升高而降低,弹性模量也有类似变化规律。三轴压缩试验中水合物的破坏模式与温度和围压有关[36-40]。Hyodo 等[40]通过数据分析发现,纯水合物强度与所处温压状态点到相平衡边界的距离成正比,这可能与水合物晶格稳定性有关。Yoneda 等[41]通过试验发现,天然形成的纯水合物单轴压缩表现为脆性破坏。Jung 等[42]通过试验测试了两理想球形颗粒间水合物的抗拉强度。这些针对纯水合物及其与土颗粒间相互作用的研究为从微观上解释深海能源土的宏观力学特性提供了试验依据。

2.3.2 深海能源土力学特性及其与微观结构的关系

    目前高压低温三轴压缩试验技术已被广泛用于深海能源土在大应变下的宏观力学特性测试。得益于深海能源土保温保压取样技术的发展,Winters 等[43]、Masui 等[44]、Yoneda 等[45-47]、Priest 等[48,49]、Santamarina 等[50]、Hirose 等[51]对天然形成的能源土试样进行了室内三轴和直剪试验,试验结果表明,水合物饱和度增大会明显提高能源土的强度,而水合物分解前沉积物的强度和模量远远高于分解后沉积物的强度和模量。

由于原状保温保压试样成本高、难以获取且不可避免地存在扰动,也有部分学者采用原位储层中的土体,在室内制备能源土试样[52-56],更多学者采用非原位土体人工合成能源土进行三轴压缩等土工试验研究能源土的力学性质。Hyodo 等[57]和 Waite 等[43,58]较早设计了能源土高压低温三轴成样测试系统,并对合成的甲烷水合物沉积物试样的强度和变形特征进行了力学测试,使人们对甲烷水合物沉积物的力学性质有了初步的认识。随后,Masui 等[44,59]和 Winters 等[30]通过测试人工合成能源土的力学指标并与原状能源土力学试验资料对比,发现二者在强度、模量和泊松比等力学参数方面相差不大,证实了室内力学试验中以人工合成能源土来替代天然状态能源土的合理性。Miyazaki 等[60]分别以三种级配的砂土合成了能源土试样,分析了水合物饱和度(水合物占土体孔隙的比例)、围压和级配对三轴排水情况下试样的强度、割线模量、泊松比和变形的影响,发现:试样强度和割线模量均随围压和水合物饱和度的增大而增大;泊松比随围压增大而有所减小,与水合物饱和度的关系不明显;级配对试样强度和泊松比基本无影响;弹性模量和侧向变形随平均粒径的减小而有所减小。Hyodo 等[61,62]较为全面地在不同水合物饱和度、围压、温度、反压、饱和状态等条件下对能源土试样进行了三轴排水试验研究,指出能源土强度与变形不仅受水合物饱和度和围压的影响,更与温度和反压有关,温度的升高和反压的减小(水合物未分解)都会导致能源土强度的降低。其他学者根据不同饱和度和围压情况下的三轴压缩试验也得到了较为一致的结论[63-66]。此外,Luo 等[67]、Li 等[68]发现细颗粒含量越少,能源土强度越高,而 Hyodo 等[69]得出相反的结论,这说明能源土的力学特性与其微观结构有密切关系,但目前还未取得一致的认识。

为探究能源土宏观力学特性与其微观结构特征的关联,部分学者将微观观测技术与力学测试技术结合,实现了在能源土宏观力学测试的同时对微观结构进行观测。Yoneda 等[70]设计了一套水合物微型三轴测试装置,利用 X 射线成像观测系统,对不同轴向应变下的氙气水合物沉积物拍摄了试样微观结构照片,利用粒子图像测速分析了试样在剪切过程中水合物与土颗粒位移、旋转和剪切带形态的特征,指出试样剪切过程中颗粒的位移和旋转均影响剪切带的形态,随着水合物饱和度增大,剪切带厚度减小而倾角增大。Kato 等[71]在能源土平面应变试验中也观察到剪切带倾角随饱和度增大而减小的现象。另外,Li 等[72]也设计了带有微观结构测试装置的三轴力学测试系统,并对氙气水合物沉积物压缩过程中的剪切带形态进行了观察分析。Waite 等[14]给出了能源土宏观力学特性的微观机理分析图(图 2-6)。当饱和度为 0%时,土体抗剪强度由粒间滑移和转动阻力提供;随着水合物的增多,孔隙或接触处的水合物提供了附加的抗力抵抗粒间滑移和转动,使得土体强度提高;孔隙水的连通性和土体剪胀性也随饱和度增大而发生明显变化;当饱和度达到 100%时,孔隙完全由水合物填充,土体强度和剪胀性主要由水合物性质决定。

综合以上原状土和人工合成土室内试验结果,能源土宏观力学特性如下:①随着水合物饱和度增大,土体刚度、黏聚力、剪胀性均增大;②随着围压增大,土体刚度、剪切强度增大,剪胀性减弱;③水合物饱和度增大时,围压对土体强度的影响减小;④温度降低、反压增大时,土体强度与刚度均有一定程度的增加;⑤土体宏观强度、变形特征与微观结构(由

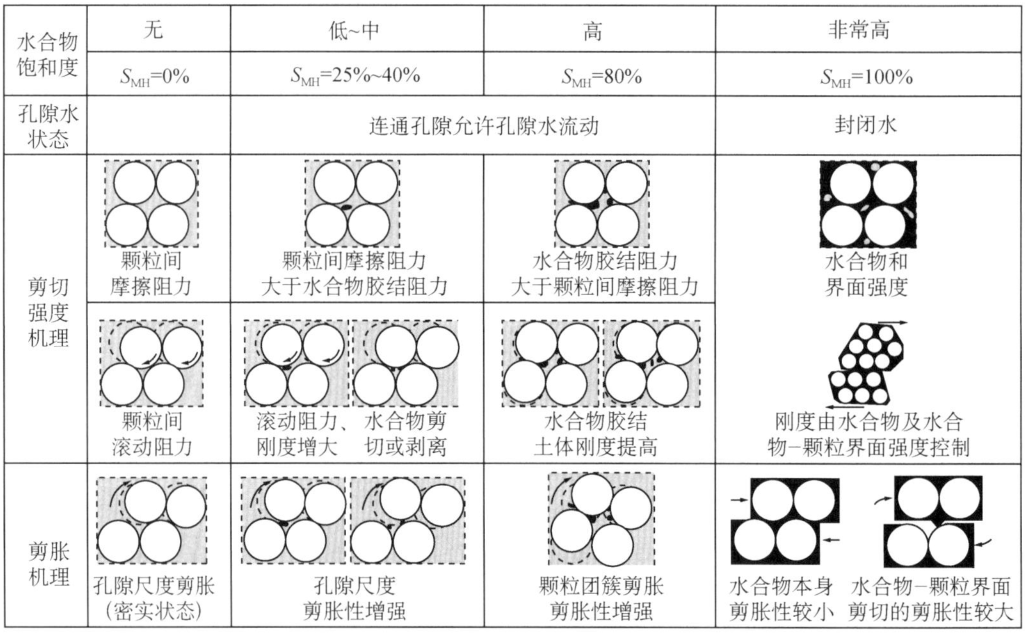

水合物饱和度	无	低~中	高	非常高
	$S_{MH}=0\%$	$S_{MH}=25\%\sim40\%$	$S_{MH}=80\%$	$S_{MH}=100\%$
孔隙水状态	连通孔隙允许孔隙水流动			封闭水
剪切强度机理	颗粒间摩擦阻力	颗粒间摩擦阻力大于水合物胶结阻力	水合物胶结阻力大于颗粒间摩擦阻力	水合物和界面强度
	颗粒间滚动阻力	滚动阻力、刚度增大 水合物剪切或剥离	水合物胶结土体刚度提高	刚度由水合物及水合物−颗粒界面强度控制
剪胀机理	孔隙尺度剪胀（密实状态）	孔隙尺度剪胀性增强	颗粒团簇剪胀性增强	水合物本身剪胀性较小 水合物−颗粒界面剪切的剪胀性较大

图 2-6 能源土受荷变形微观机理[14]

制样方法及成样过程决定)密切相关,水合物以胶结型存在时对强度和刚度影响最为明显,而以填充型为主时,水合物饱和度达到一定值以后强度和刚度才能明显增加,成样方法的差异在高饱和度下逐渐减小;⑥室内合成试样力学特性基本能反映天然条件下形成的试样的力学特性。

2.3.3 水合物分解对深海能源土力学特性的影响

目前绝大多数深海能源土力学特性室内测试多在保持水合物稳定的条件下进行,对水合物分解条件下深海能源土力学特性的研究相对较少。Hyodo 等[61,73]分别以降压法和升温法对不同应力状态下的能源土试样进行了水合物分解试验,分解过程中土体内部结构变化如图 2-7 所示。试验结果表明,当能源土试样不承受偏应力时,水合物分解几乎不导致试样轴向变形;当能源土所受偏应力小于水合物分解后试样的破坏强度时,水合物分解仅产生有限的变形;但当能源土所受偏应力大于水合物分解后试样的破坏强度时,升温法会导致能源土试样的破坏,而降压法不会,但降压后的水压恢复过程会导致能源土的破坏。Song 等[74,75]对不同分解程度的能源土试样进行了三轴压缩试验,指出水合物分解会降低能源土的强度,且在低围压下尤为明显,随着水合物分解的进行,能源土的黏聚力显著减小,而内摩擦角减小不明显。Zhang 等[76]也利用三轴压缩试验研究了水合物分解程度不同时能源土强度与模量的变化特征,可初步对实际水合物开采方案选取与评估起指导作用。

水合物分解会导致深海能源土力学特性劣化,进而可能触发开采井壁失稳、海床失稳滑动。此外,水合物分解产生的大量气体可引起孔隙水压力的快速上升,降低土体有效应力,进一步诱发上述失稳过程,引起一系列海洋工程与环境灾害。因此,系统研究水合物

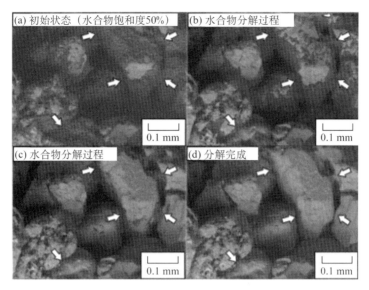

图 2-7 水合物分解过程[73]

分解过程中深海能源土力学特性的动态变化规律对评价水合物开采工程的安全性具有重要价值,这也是当前从岩土工程角度研究水合物开采的重难点。

2.4 本章小结

深海水合物赋存条件决定了其在全球范围内的宏观分布。水合物在海床中的具体赋存情况主要受到温度、压力、盐度、气源、沉积层土性与地质构造等因素的影响。因粉、砂土层中的水合物相比黏土层中的水合物更易开采,故目前研究的主要方向为粉、砂质海床中的水合物赋存情况及开采方法。当前开采方法主要包括热激发法、降压法、置换法、抑制剂法、固态流化法及多种技术的联合法。目前深海水合物试采多采用降压法,我国于2020年3月完成的第二轮"试验性试采"实现了从垂直井到水平井钻采技术的升级换代,有效提高了产气规模。

然而,深海水合物开采的工程与环境风险很高。水合物分解会导致深海能源土力学特性劣化,进而可能触发开采井壁失稳、海床失稳滑动等灾难性后果。因此,从岩土工程角度认识深海能源土的力学特性尤为关键。

通过对原状土和人工制备的深海能源土的大量试验研究,现已基本掌握深海能源土的关键物理、力学特性规律。然而,水合物分解过程中深海能源土力学特性的动态变化规律还需大量深入研究。

3 离散元数值模拟方法

1979 年,Cundall 和 Strack[77]提出了颗粒离散元法,形成了颗粒材料模拟的理论与方法,为建立宏观与微观土力学之间的联系提供了重要工具,在宏微观土力学发展史上具有里程碑意义。本章将简要介绍离散元数值模拟方法,包括基本原理、一般模拟步骤、耦合模拟方法与技术、微观接触本构理论框架。

3.1 离散元法基本原理

经典离散元法的基本思想是将材料视为不连续颗粒的集合,其基本假设包括:①用刚性圆盘(圆球)单元模拟颗粒,颗粒本身不可变形;②颗粒间接触发生在无限小的面积内,颗粒接触点允许微小的重叠;③颗粒间重叠量的大小与接触力线性相关;④相邻颗粒可以接触或分开;⑤颗粒间的滑动条件由莫尔-库仑准则确定。

近年来,离散元数值模拟方法取得了显著发展:①颗粒形状可以更为复杂,如多面体、球团簇等;②颗粒间相互作用关系更为复杂也更为真实,如颗粒间接触被认为是有限范围面域并能传递力矩;③颗粒可变形;④模拟对象由散粒体扩展为更加复杂的特殊岩土体材料,并发展了相应的接触模型,3.4 节将对此加以介绍。本节着重介绍经典离散元数值模拟方法的相关理论。

3.1.1 离散元法计算原理

离散元法中每个颗粒的运动根据该单元所受合力和合力矩按牛顿运动定律,运用中心差分法计算。其中,合力和合力矩由接触力、体力、内力和阻尼力产生。具体而言,对质量为 m 的颗粒,在平动方向有:

$$F_{u,i} = m\ddot{x}_i \tag{3-1}$$

式中,$F_{u,i}$ 为 $i(i=1,2,3)$ 方向上的不平衡力;$\ddot{x}_i$ 为颗粒质心在 i 方向上的加速度。

在转动方向有:

$$\begin{cases} M_{u,1} = I_1\ddot{\theta}_1 + (I_3 - I_2)\dot{\theta}_3\dot{\theta}_2 \\ M_{u,2} = I_2\ddot{\theta}_2 + (I_1 - I_3)\dot{\theta}_1\dot{\theta}_3 \\ M_{u,3} = I_3\ddot{\theta}_3 + (I_2 - I_1)\dot{\theta}_2\dot{\theta}_1 \end{cases} \tag{3-2}$$

式中,I_1、I_2、I_3 为三个主方向上的转动惯量;$\ddot{\theta}_1$、$\ddot{\theta}_2$、$\ddot{\theta}_3$ 为三个主惯性轴上的角加速度;$\dot{\theta}_1$、$\dot{\theta}_2$、$\dot{\theta}_3$ 为角速度;M_{u1}、M_{u2}、M_{u3} 为三个主惯性轴上的合力矩。

对于球形颗粒，$I = I_1 = I_2 = I_3$，式(3-2)可简化为：

$$M_{u,i} = I\ddot{\theta}_i = \frac{2mR^2\ddot{\theta}_i}{5} \tag{3-3}$$

式中，R 为颗粒半径。

在中心差分解法中，t 时刻颗粒的加速度可用 $t + \Delta t$、$t - \Delta t$ 时刻的速度 $\dot{x}_i$、$\dot{\omega}_i$ 表示为：

$$\begin{cases} \ddot{x}_i^{(t)} = \dfrac{1}{\Delta t}\left[\dot{x}_i^{(t+\Delta t/2)} - \dot{x}_i^{(t-\Delta t/2)}\right] \\[2mm] \ddot{\theta}_i^{(t)} = \dfrac{1}{\Delta t}\left[\dot{\theta}_i^{(t+\Delta t/2)} - \dot{\theta}_i^{(t-\Delta t/2)}\right] \end{cases} \tag{3-4}$$

将式(3-4)代入式(3-1)、式(3-3)可得：

$$\begin{cases} \dot{x}_i^{(t+\Delta t/2)} = \dot{x}_i^{(t-\Delta t/2)} + \dfrac{F_i^{(t)}}{m}\Delta t \\[2mm] \dot{\theta}_i^{(t+\Delta t/2)} = \dot{\theta}_i^{(t-\Delta t/2)} + \dfrac{M_i^{(t)}}{I}\Delta t \end{cases} \tag{3-5}$$

式(3-5)表明了速度的更新方式：以 t 时刻为中心，用 $t - \Delta t$ 时刻的速度计算 $t + \Delta t$ 时刻的速度。

最后，利用速度更新颗粒质心位置 x_i 和颗粒转角 θ_i：

$$\begin{cases} x_i^{(t+\Delta t)} = x_i^{(t)} + \dot{x}_i^{(t+\Delta t/2)}\Delta t \\[2mm] \theta_i^{(t+\Delta t)} = \theta_i^{(t)} + \dot{\theta}_i^{(t+\Delta t/2)}\Delta t \end{cases} \tag{3-6}$$

可见，离散元法采用显式格式求解颗粒动力学方程，即所有方程式一侧的量是已知的，另一侧的量只要用简单的代入法就可求得。采用显式格式求解时，要求时步的选取必须足够小才能保证解的稳定。

3.1.2 宏微观参量的关联方法

表征散粒体材料宏观力学特性的参量与其微观参量之间具有密切的联系，这种联系是从微观角度出发，认识、描述散粒体材料的力学特性，发展跨尺度本构理论与模拟方法的关键。

1. 应力张量

对颗粒集合体应力张量的定义有多种，最终导出的结果都一致。Drescher 等[78] 提出的定义与连续介质力学的定义方式很接近。考虑一个由任意形状颗粒组成的体积为 V 的球形集合体，集合体在边界点 x_i^k 处受外力 F_i^k 作用（$k = 1, 2, \cdots, n$）。根据高斯公式，体积为 V 的等价连续介质中的平均应力 $\bar{\boldsymbol{\sigma}}_{ij}$ 为：

$$\bar{\boldsymbol{\sigma}}_{ij} = \frac{1}{V}\sum_{k=1}^{n} x_i^k \boldsymbol{F}_j^k \tag{3-7}$$

式(3-7)给出的是基于外力作用的颗粒集合体应力张量。

Rothenburg 等[79]基于不同的理论提出了类似定义。考虑一个任意形状的颗粒集合体,假想一个连续封闭的壳包围这个集合体。壳受到表面荷载 $\bar{t}_i$ 的作用,该荷载在壳的每一点满足 $\bar{t}_i = \bar{\sigma}_{ij} n_j$,其中,$n_j$ 为壳外法线单位向量。接触力 $\boldsymbol{F}_i^k$ ($k=1, 2, \cdots, n$) 作用在颗粒间的接触点上。分析颗粒的平衡状态发现,$\bar{\sigma}_{ij}$ 与集合体内部的接触力有如下关系:

$$\bar{\sigma}_{ij} = \frac{1}{V} \sum_{k=1}^{n} \boldsymbol{l}_i^k \boldsymbol{F}_j^k \qquad (3-8)$$

式中,$\boldsymbol{l}_i^k$ 为两颗粒中心连线矢量。

式(3-8)是由特定边界荷载导出的接触力需满足的约束条件,它同时也是基于内力(接触力)的颗粒集合体应力张量表达式。

2. 应变张量

根据应力与应变之间的相关性,以及接触力与颗粒相对位移之间的相关性,人们预计应变张量的微观结构定义会比较容易得到。但事实上,颗粒系统与连续体之间在变形方面的联系直到 20 世纪 90 年代才建立起来。

Kruyt 等[80]提出了二维颗粒集合体应变的概念。颗粒集合体所在的平面根据接触被划分成很多个多边形,平均位移梯度张量 $\bar{a}_{ij}$ 可用所求区域边界上各边的相对位移来表达:

$$\bar{a}_{ij} = \frac{1}{S} \sum_{k=1}^{n} \Delta \boldsymbol{u}_{\text{p-p},i}^k \boldsymbol{\iota}_j^k \qquad (3-9)$$

式中,S 为研究区域的面积;$\Delta \boldsymbol{u}_{\text{p-p},i}^k$ 为第 k 条边上两个颗粒中心的相对平移;$\boldsymbol{\iota}_j^k$ 为所谓的多边形矢量。平均位移梯度张量的斜对称部分表达了材料的刚体转动,因此与变形无关;对称部分表达了材料的变形,这被定义为颗粒集合体的微观结构应变张量。

Bagi[81]推导的平均位移梯度张量可以用离散形式表达为:

$$\boldsymbol{a}_{ij} = \frac{1}{V} \sum_{k=1}^{n} \boldsymbol{\zeta}_i^k \Delta \boldsymbol{u}_{\text{p-p},j}^k \qquad (3-10)$$

式中,$\boldsymbol{\zeta}_i^k$ 为所谓的互补面积矢量(一个描述第 k 边邻边信息的局部几何变量)。这个应变定义用于二维情况时与 Kruyt 等[80]得到的结果相同。

此外,Cambou 等[82]采用最佳拟合方法推导了位移梯度张量。假定最优拟合位移梯度张量为 $\bar{a}_{ij}$,两颗粒中心连线矢量为 l_j,两颗粒中心相对位移为 Δu_i。按照均匀应变假设应有 $\Delta u_{\text{p-p},i} = \bar{a}_{ij} l_j$,但由于实际散粒体材料的内部非均匀变形特征,二者并不相等。在体积为 V 的试样内部存在 N_c 个颗粒对(不一定发生实接触),最优拟合位移梯度张量应使式(3-11)所表示的误差最小:

$$Er = \frac{1}{V} \sum_{k=1}^{N_c} (\bar{a}_{ij} l_j^k - \Delta \boldsymbol{u}_{\text{p-p},i}^k)^2 \qquad (3-11)$$

即

$$\frac{\partial Er}{\partial \bar{a}_{mn}} = 0 \tag{3-12}$$

展开有：

$$
\begin{aligned}
\frac{\partial Er}{\partial \bar{a}_{mn}} &= \frac{1}{V} \sum_{k=1}^{N_c} \frac{\partial \big[(\bar{a}_{ij} l_j^k - \Delta u_{\text{p-p},i}^k)(\bar{a}_{ip} l_p^k - \Delta u_{\text{p-p},i}^k) \big]}{\partial \bar{a}_{mn}} \\
&= \frac{1}{V} \sum_{k=1}^{N_c} \big[(\bar{a}_{ij} l_j^k - \Delta u_{\text{p-p},i}^k)\boldsymbol{\delta}_{im}\boldsymbol{\delta}_{pn} l_p^k + (\bar{a}_{ip} l_p^k - \Delta u_{\text{p-p},i}^k)\boldsymbol{\delta}_{im}\boldsymbol{\delta}_{jn} l_j^k \big] \\
&= \frac{1}{V} \sum_{k=1}^{N_c} \big[(\bar{a}_{mj} l_j^k l_n^k - \Delta u_{\text{p-p},m}^k l_n^k) + (\bar{a}_{mp} l_p^k l_n^k - \Delta u_{\text{p-p},m}^k l_n^k) \big] \\
&= \frac{2}{V} \sum_{k=1}^{N_c} (\bar{a}_{mj} l_j^k l_n^k - \Delta u_{\text{p-p},m}^k l_n^k) = 0
\end{aligned}
\tag{3-13}
$$

即

$$\bar{a}_{mj} \frac{1}{V} \sum_{k=1}^{N_c} l_j^k l_n^k = \frac{1}{V} \sum_{k=1}^{N_c} \Delta u_{\text{p-p},m}^k l_n^k \tag{3-14}$$

定义 Branch 组构张量：

$$\boldsymbol{F}_{\text{b},jn} = \frac{1}{V} \sum_{k=1}^{N_c} l_j^k l_n^k \tag{3-15}$$

则最优拟合位移梯度张量为：

$$\bar{a}_{mj} = \frac{1}{V} \sum_{k=1}^{N_c} \Delta u_{\text{p-p},m}^k l_n^k (\boldsymbol{F}_{\text{b},jn})^{-1} \tag{3-16}$$

3. 配位数

配位数定义为颗粒周围与其接触的颗粒平均数量：

$$C_{\text{N}} = \frac{2N_c}{N_p} \tag{3-17}$$

式中，N_c 为接触数；N_p 为颗粒数。

在散粒体中，部分颗粒可能与周围颗粒没有接触（处于悬浮状态），或只有一个接触，它们对散粒体材料的内力传递无贡献。为此，Thornton[83]对配位数计算公式进行修正，提出了力学配位数：

$$C_{\text{N,M}} = \frac{2N_c - N_{p,1}}{N_p - N_{p,1} - N_{p,0}} \tag{3-18}$$

式中，$N_{p,0}$ 为悬浮颗粒数；$N_{p,1}$ 为只有一个接触的颗粒数量。

4. 组构张量

散粒体材料内部结构状态可用组构张量来表征[84]。例如，对接触方向可定义接触组构为：

$$F_{\text{c},ij} = \frac{1}{N_\text{c}} \sum_{k=1}^{N_\text{c}} n_i^k n_j^k \tag{3-19}$$

式中，n_i^k 为第 k 个接触的法向单位矢量。

对于非球形颗粒，也可用 n_i^k 表示颗粒长轴方向，则所定义的组构张量可用于表征颗粒的方向分布。同理，可定义滑动接触组构等各类组构张量用于分析散粒体材料内部结构在宏观变形过程中的演化规律。

5. 平均纯转动率

笔者[85]认为土颗粒间的能量消散与颗粒相对转动有关，颗粒间的转动率可以分为颗粒纯平动引起的转动率及颗粒纯转动引起的转动率两部分，后者可以作为表征颗粒材料内部结构变化的微观参量。在某个接触处，用 $\dot\theta^\text{c}$ 表示颗粒纯转动引起的转动率：

$$\dot\theta^\text{c} = \frac{1}{\bar r}(R_1\dot\theta_1 + R_2\dot\theta_2) \tag{3-20}$$

式中，$\dot\theta_1$、$\dot\theta_2$ 分别表示两接触颗粒的转动速度；R_1、R_2 分别表示相接触的颗粒的半径；$\bar R$ 为调和平均半径，即 $2R_1R_2/(R_1 + R_2)$。

平均纯转动率（Average Pure Rotation Rate，APR）用 ω_3^c 表示，定义为代表性单元中接触纯转动率平均值：

$$\omega_3^\text{c} = \frac{1}{N_\text{c}} \sum_{i=1}^{N_\text{c}} \dot\theta^{\text{c},i} \tag{3-21}$$

6. 做功、储能与耗能

离散元模拟的散粒体材料在受力变形过程中涉及的能量（功）包括外界输入功、储存于接触处的弹性能、接触滑动耗散能、数值阻尼耗散能和颗粒动能。外界输入功增量 ΔW 为某一增量过程中试样边界及外力对试样做的功，可用下式计算：

$$\Delta W = \sum_{i=1}^{N_\text{w}} F_\text{w}^i \cdot \Delta u_\text{w}^i + \sum_{i=1}^{N_\text{p}} F_\text{a}^i \cdot \Delta u_\text{p}^i \tag{3-22}$$

式中，N_w 为边界墙数量；F_w^i 为边界墙 i 施加给试样的作用力；Δu_w^i 为墙体 i 的位移增量；F_a^i 为颗粒受到的外部荷载（包括体力）；Δu_p^i 为颗粒 i 的位移增量。

颗粒接触弹性储能 E_e 可用下式计算：

$$E_\text{e} = \sum_{i=1}^{N_\text{c}} \left[\left(\frac{F_\text{n}^{\text{p},i}}{2K_\text{n}^{\text{p},i}}\right)^2 + \left(\frac{F_\text{s}^{\text{p},i}}{2K_\text{s}^{\text{p},i}}\right)^2 \right] \tag{3-23}$$

式中，F_n^p、F_s^p 分别为颗粒间接触的法向力和切向力；K_n^p、K_s^p 分别为法向和切向接触刚度。

当接触模型中存在抗转动接触力矩时，还应增加抗转动力矩部分的弹性储能；当接触模型中存在胶结作用时，还应增加胶结部分的弹性储能。

接触滑动耗散能增量 ΔD_p 可用下式计算：

$$\Delta D_p = \sum_{i=1}^{N_c} \boldsymbol{F}_s^{p,i} \Delta \boldsymbol{u}_{s,slide}^{p,i} \qquad (3\text{-}24)$$

式中，$\Delta \boldsymbol{u}_{s,slide}^p$ 为两颗粒接触滑动位移增量。

当接触模型中存在抗转动接触力矩时，还应增加抗转动力矩部分的塑性耗散能。

数值阻尼耗散能增量 ΔD_{nd} 源自为加速散粒体体系快速向静态变化而施加的阻尼力，该力施加于颗粒形心，方向与平动速度相反，可由下式确定：

$$\Delta D_{nd} = \sum_{i=1}^{N_p} \boldsymbol{F}_{nd}^i \cdot \Delta \boldsymbol{u}^i \qquad (3\text{-}25)$$

式中，$\boldsymbol{F}_{nd}$ 为阻尼作用力；$\Delta \boldsymbol{u}$ 为相应颗粒位移增量。

接触阻尼耗散能增量 ΔD_{vd} 源自接触处的黏滞阻尼力，该力作用于接触处，方向与接触速度相反：

$$\Delta D_{vd} = \sum_{i=1}^{N_p} (\boldsymbol{F}_n^{d,i} \Delta \boldsymbol{u}_n^{p,i} + \boldsymbol{F}_s^{d,i} \Delta \boldsymbol{u}_s^{p,i}) \qquad (3\text{-}26)$$

式中，$\boldsymbol{F}_n^d$、$\boldsymbol{F}_s^d$ 分别为法向、切向黏滞阻尼力。当接触模型中存在抗转动接触力矩时，还应增加抗转动力矩部分的接触阻尼耗散能。

颗粒体系的动能 E_k 可由各个颗粒的平动和转动动能之和求得：

$$E_k = \frac{1}{2} \sum_{i=1}^{N_p} \left\{ m^i \left[(\dot{x}_1^i)^2 + (\dot{x}_2^i)^2 + (\dot{x}_3^i)^2 \right] + \left[I_1^i (\dot{\theta}_1^i)^2 + I_2^i (\dot{\theta}_2^i)^2 + I_3^i (\dot{\theta}_3^i)^2 \right] \right\} \qquad (3\text{-}27)$$

7. 胶结破损参数

胶结散粒体材料的损伤可通过定义具有微观意义的胶结破损参数来表征。在采用离散元法研究、验证结构性土的破损规律时，有必要基于不同宏观本构模型中破损参数的内涵建立对应的微观表达式[86]。这些宏观模型大致可分为基于损伤力学的本构模型和修正弹塑性本构模型。

对于第一类具有代表性的损伤力学模型[87,88]来说，依其建模思想的不同，破损参数的求解方法分为两类。

（1）在基于应变分担建立的二元介质本构模型[87]中，破损参数 $\bar{\omega}_b$ 的定义可表示为：

$$\bar{\omega}_b = \frac{\lambda_v \bar{\varepsilon}_{ij}^d}{\bar{\varepsilon}_{ij}} \qquad (3\text{-}28)$$

式中，体积破损率 λ_v 采用胶结数量破坏率计算；$\bar{\varepsilon}_{ij}^d$ 和 $\bar{\varepsilon}_{ij}$ 分别为损伤部分的应变和散粒体材料整体的应变（可选择应变张量中起破坏驱动作用的分量代入计算）。

（2）在基于应力分担建立的二元介质本构模型[88]中，破损参数 $\bar{\omega}_B$ 的定义可表示为：

$$\bar{\omega}_B = \frac{\lambda_v \bar{\sigma}_{ij}^d}{\bar{\sigma}_{ij}} \qquad (3\text{-}29)$$

式中，$\bar{\sigma}_{ij}^{\mathrm{d}}$ 和 $\bar{\sigma}_{ij}$ 分别为损伤部分的应力和散粒体材料整体的总应力（可选应力张量中起破坏驱动作用的分量代入计算）。

对于第二类本构模型（以上负荷面剑桥模型[89]、Nova 结构性土模型[90]、Rouainia-Wood 结构性土模型[91] 以及 Liu-Carter 结构性剑桥模型[92] 为例），需将修正弹塑性模型的硬化参数定义式转化为具有微观力学基础且能够在离散元中直接求解的表达式。

（1）在上负荷面剑桥模型中，破损参数（内变量）R^* 定义为重塑土应力状态（p^*，q^*）与原状土应力状态（$\bar{p}$，$\bar{q}$）的比值。在离散元模拟中，重塑土应力状态可由无胶结颗粒分担的平均应力 $\lambda_v \bar{\sigma}_{ij}^{\mathrm{d}}$ 表示，而原状土应力状态可由代表性单元平均应力 $\bar{\sigma}_{ij}$ 表示：

$$R^* = \frac{p^*}{\bar{p}} = \frac{q^*}{\bar{q}} = \frac{\lambda_v \bar{\sigma}_{ij}^{\mathrm{d}}}{\bar{\sigma}_{ij}} \qquad (3\text{-}30)$$

（2）在 Nova 结构性土模型中，硬化参数 p_s、p_m 分别定义为重塑土的屈服应力和结构性所引起的土体结构屈服应力。在离散元模拟中，p_s 可由无胶结颗粒分担应力 $\lambda_v \bar{\sigma}_{ij}^{\mathrm{d}}$ 表示，p_m 可由胶结颗粒分担应力 $(1-\lambda_v)\bar{\sigma}_{ij}^{\mathrm{in}}$ 表示：

$$\begin{cases} p_s = \lambda_v \bar{\sigma}_{ij}^{\mathrm{d}} \\ p_m = (1-\lambda_v)\bar{\sigma}_{ij}^{\mathrm{in}} \end{cases} \qquad (3\text{-}31)$$

式中，$\bar{\sigma}_{ij}^{\mathrm{in}}$ 为未损伤部分的应力。

（3）在 Rouainia-Wood 结构性土模型中，破损参数（内变量）R^* 定义为重塑土的屈服应力与原状土屈服应力的比值。在离散元模拟中，该参数可以用无胶结颗粒分担的应力 $\lambda_v \bar{\sigma}_{ij}^{\mathrm{d}}$ 与代表性单元平均应力 $\bar{\sigma}_{ij}$ 的比值来表示：

$$R^* = \frac{\lambda_v \bar{\sigma}_{ij}^{\mathrm{d}}}{\bar{\sigma}_{ij}} \qquad (3\text{-}32)$$

（4）在 Liu-Carter 结构性剑桥模型中，硬化参数 p_0'、p_s' 分别定义为重塑土屈服应力和原状土屈服应力。在离散元模拟中，p_0' 可由无胶结颗粒分担应力 $\lambda_v \bar{\sigma}_{ij}^{\mathrm{d}}$ 表示，p_s' 可由代表性单元平均应力 $\bar{\sigma}_{ij}$ 表示：

$$\begin{cases} p_0' = \lambda_v \bar{\sigma}_{ij}^{\mathrm{d}} \\ p_s' = \bar{\sigma}_{ij} \end{cases} \qquad (3\text{-}33)$$

以上给出了几种常用结构性土本构模型中破损参数的微观定义式，可方便地由离散元模拟结果处理得到。

3.2 离散元法的模拟步骤

离散元模拟过程需与室内试验、模型试验和实际工程保持一致。为模拟散粒体材料的宏观力学特性，需要遵循一定的模拟步骤，包括合理地选择颗粒形状、调整颗粒级配及数量，生成离散元数值试样，选择接触模型与参数，施加与控制边界条件等，以下将对这些关键步骤逐一介绍。

3.2.1 颗粒形状、级配、数量的确定

颗粒形状直接影响材料的宏微观力学特性。土体种类繁多，颗粒形状复杂。目前针对无黏性土的颗粒形状模拟主要有两种方法：一种是直接模拟复杂颗粒形状[93,94]；另一种是建立考虑颗粒形状影响的完整接触模型[95,96]。第一种方法计算效率很低，而第二种方法计算速度较快。对于一般土力学与工程问题，若土体各向异性不明显，可用球(圆)形颗粒与抗弯转、抗扭转接触模型(见 3.4 节)来模拟；若土体各向异性明显，可用椭球(椭圆)形颗粒与抗弯转、抗扭转接触模型(见 3.4 节)来模拟。

颗粒级配也是土力学和工程特性的重要物理参量。对于与颗粒迁移相关的岩土工程问题(如管涌)，尽量使用真实颗粒级配进行模拟；对于一般的工程问题，可以在保证颗粒中值粒径 d_{50} 不变的前提下，调整颗粒级配，提高计算效率。

实际土体的颗粒数目巨大，难以用当前普通计算机模拟。理论分析表明，只要选取尺度相关的微观本构[97]，放大粒径的试样与原粒径试样具有相同的力学响应。对于无黏性土，可采用级配平移、放大粒径的方法来减小颗粒数目，采用密度放大法[83]来增加时步。对于干砂的变形问题，单元试验二维模拟中颗粒数目宜大于 2 000，单元试验三维模拟中颗粒数目宜大于 40 000；研究剪切带问题时，二维模拟中所需颗粒宜在 20 000 以上，三维情况下最少颗粒数目取决于试样形状。对于流固耦合单元试验模拟，最少颗粒数目取决于研究目的。对于边值问题，颗粒数目应根据分析域大小而定，颗粒大小应与关键边界的尺寸相关。采用离散元模拟动力过程时，不应使用密度放大法，以确保惯性质量正确，应选择合适的阻尼模型，以确保系统的阻尼正确。

3.2.2 离散元数值试样生成

离散元模拟的单元试样或边值问题中的场地模型生成有多种方法，模型均匀是进行离散元模拟的基础，也是检验各种成样方法适用性的重要依据。目前常用的制样方法包括定点成样法[98]、等向压密法[77]、粒径放大法[99]和模块组装法[100]。定点成样法主要用于验证离散元方法本身，不符合土颗粒随机分布的特点；等向压密法适用于生成密样，制备松样时会出现中间疏松、边缘密实的现象；粒径放大法与实际土体沉积和室内试验制样过程不符。

笔者[101]根据能量耗散原理及室内试验分层成样方法提出了分层欠压法(multi-layer Under-Compaction Method，UCM)，它是目前国际上应用最广泛的离散元成样方法之一。分层欠压法克服了其他方法的各种缺陷，可用于制备均匀性较好的不同密实度的颗粒试样。其主要过程分以下几个步骤实现：

(1) 分层：层数的选取是成样过程中较为关键的一步，层数不能太少，否则能量传递不均匀，也不宜过多。笔者[102]根据大量的模拟结果提出层数一般以 5~8 层为宜。

(2) 欠压：每层颗粒生成后将试样盒中所有颗粒集合体压缩至目标孔隙比。根据能量传递原理，在对本层进行压缩的同时，压缩能量下传，对本层以下所形成的试样孔隙也存在压密作用。为考虑这种效应，在生成第一层颗粒时目标孔隙比 $e_{(1)}$ 应小于试样整体

的目标孔隙比 e_t。以此类推，制样孔隙比满足 $e_{(1)} > e_{(1+2)} > e_{(1+2+3)} > \cdots > e_{(1+2+\cdots+n)} = e_t$，如图 3-1 所示。

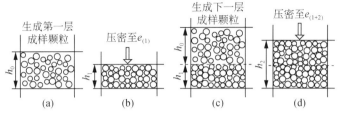

图 3-1 分层欠压法示意图

（3）调整欠压比：通过调整各层欠压程度[101]可以制备均匀性良好的试样，一般认为最终孔隙比与目标孔隙比的误差介于 $-10\% \sim 10\%$ 为宜。

此处以生成某高宽比为 2 : 1 的二维试样为例说明分层欠压法的制样效果。将试样分为 5 层生成，各层生成后的压缩目标孔隙比分别为 0.240 5，0.239 5，0.226 0，0.219 5，0.200 0。在生成的试样中布置 4×8 个测量圆测量内部孔隙比，如图 3-2(a) 所示。每个测量圆包含 $500 \sim 600$ 个颗粒，具有较好的代表性。取每个测量圆的孔隙比数值作为该测量圆处的孔隙比，试样孔隙比云图及沿试样高度的变化如图 3-2(b)、(c) 所示。可以看到，试样内部孔隙比基本均匀，满足制样要求。

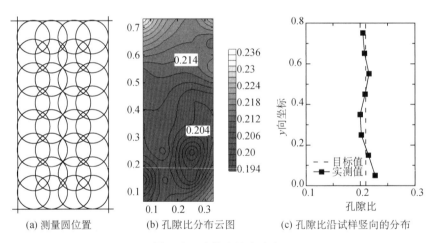

(a) 测量圆位置　　(b) 孔隙比分布云图　　(c) 孔隙比沿试样竖向的分布

图 3-2 试样孔隙比分布

3.2.3 微观接触本构模型的选择与参数标定

微观接触本构模型选择及其参数标定是离散元模拟的关键问题，需根据模拟材料的特点选取合适甚至发展相应的微观接触本构模型，以模型能否反映微观力学机理为模型适用性的判断标准，本章 3.4 节将介绍微观接触本构模型的框架以供读者参考。

关于模型参数的标定，对于颗粒随机排列且有多种粒径的试样，微观接触参数尚无法由宏观参数直接确定，需要根据目标试样的宏观力学特性采用反演法确定。对于参数较多的接触模型,反演应遵循由简到繁的原则。以结构性砂土为例,反演步骤为:①根据净砂的宏观弹性参数标定粒间接触刚度,由内摩擦角确定粒间摩擦系数和抗转动系数;②根据宏观弹性参数确定胶结刚度,由黏聚力和压缩屈服应力反演胶结强度。这一过程需要多次重复调整试算。为了提高反演效率,粒间刚度取值范围可以参考最松、最密规则排列颗粒试样的理论公式。此外,部分参数的选取需考虑土体的实际特点。例如,土体的体变主要由颗粒的重新排列引起,土颗粒自身引起的变形不超过总变形的 1/400。因此,颗粒刚度的选取需要满足接触重叠量很小的要求,如最大颗粒间重叠量小于试样平均粒径的 4.5%。对于岩石等其他材料的模拟,模型参数确定原则与模拟土体试样基本一致。

3.3 离散元耦合方法与技术

实际岩土工程问题往往涉及多场、多相、多物理化学过程的耦合问题,如砂土地震液化及液化后大变形、水合物降压开采都是典型的流固耦合问题,核废料埋置、水合物升温开采是典型的热-流-固耦合问题。由于各类方法有各自擅长的分析领域,也有自身的不足,已有大量研究尝试将多种求解方法联合使用,以突破现有的各种分析方法自身的不足,扬长避短。对不同物理场采用不同方法模拟,并通过信息交换进行耦合计算的方法称为场耦合。对不同空间域采用不同方法,在域边界进行信息交换实现耦合的方法称为域耦合。其中,离散-连续方法的耦合是当前研究的热点。同时考虑场耦合和域耦合的求解方法统称为场域耦合。本节将简要介绍围绕离散元法的场耦合、域耦合及场域耦合的求解方法与技术。

3.3.1 场耦合

1. 流固耦合

地震液化、管涌、海底滑坡和水库大坝的渗透破坏等岩土工程问题均涉及土颗粒与水的流固耦合问题。目前,离散元法(Distinct Element Method,DEM)可与多种流体力学数值方法进行耦合,如计算流体力学(Computational Fluid Dynamics,CFD)、光滑粒子流体动力学(Smoothed Particle Hydrodynamics,SPH)以及格子玻尔兹曼方法(Lattice Boltzmann Method,LBM)等。其中,颗粒之间的作用力由 DEM 中的接触模型计算,流体与颗粒之间的作用一般采用经验公式描述,而流体部分一般需要求解 Navier-Stokes (N-S)方程或 LBM 方程以获得流体响应。1993 年,DEM-CFD 耦合方法首次用于模拟固体颗粒中的气体流动行为[103],而后 N-S 方程被简化,使得 DEM-CFD 耦合法能够计算地震液化等大型边值问题[104]。2001 年,DEM-SPH 耦合法首次用于多相流耦合问题分析[105],由于 SPH 擅长处理自由表面流体问题,因此,DEM-SPH 耦合法在处理自由表面流体中流固耦合等问题上更具有优势[106]。Cook 等[107]最先应用 DEM-LBM 方法研究固液两相介质相互作用,由于采用欧拉法计算流体,因此,DEM-LBM 方法特别适用于求解复杂边界条件下的多相作用问题[108]。

在上述三种耦合方法中,DEM-CFD 已实现 CFD 开源程序 OpenFOAM 与 DEM 开源程序 LIGGGHTS 之间的双向耦合,且计算效率较高,因此广泛应用于饱和土的稳定渗流[109]、动力液化[110]、固结渗流[111,112]、滑坡[113]及管涌[114]等各类岩土工程问题的分析。其中,颗粒材料的等效渗透系数可以通过流固耦合产生的流体压力差自然算出,无需引入其他假定。上述 CFD-DEM 耦合均将流体密度视为定常,其参考值一般为边界处的孔压。对于边界处孔压不易确定的岩土工程问题,该方法具有明显不足。

通过引入视密度为非定常的 N-S 方程和描述流体体变-压力非线性关系的 Tait 状态方程,笔者团队[115]建立了可模拟二维弱可压缩流体的 DEM-CFD 耦合方法。图 3-3 为 DEM-CFD 耦合流程示意图,一旦 DEM 和 CFD 到达交互时刻,则启动 DEM-CFD 数据交互模块计算相互作用力。二维 DEM-CFD 耦合模拟具有较高的计算效率,但三维模拟更符合工程实际,因此,三维弱可压缩流体的 DEM-CFD 耦合模拟技术被开发[116,117],用于对管涌和生物胶结砂土不排水动力特性进行模拟分析。

图 3-3 DEM-CFD 耦合流程

2. 热力耦合

水合物、地热等新能源开发工程问题中存在温度场与力场的耦合作用。离散元中的热力耦合分析模块,将颗粒间的接触视为热量传递管道,基于离散颗粒将连续介质的热传导方程进行离散化求解。在获得温度场后,考虑颗粒因温度变化导致的体积变化进行力场的计算,然后在后续温度场计算中更新热传递管道信息进行温度场计算,如此交替重复以达到温度场和力场的耦合。已有研究将其用于变温引起岩石破裂和损伤分析[118,119],但该方法只能考虑颗粒间的热传导,为此 Tomac 等[120]将热对流方程引入 DEM,拓展了热-流-力耦合模拟方法。

笔者团队[121]基于颗粒流程序(Particle Flow Code,PFC)温度模块提出了深海能源土的温度场-力场耦合 DEM 方法,如图 3-4 所示。根据 PFC 计算的温度场,通过后文将介绍的考虑温-压-力影响的深海能源土微观接触本构模型更新能源土地基的胶结强度空间分布,进而由力场计算获得升温开采后的地基响应。

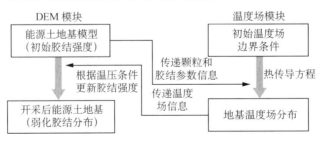

图 3-4 温度场-力场耦合 DEM 示意图

22

3.3.2 域耦合

离散元虽然在模拟岩土大变形和破坏等问题中具有很大的优势,但由于计算时复杂的数据结构、分格检索、接触的产生或取消的判定等都将占用大量的内存和计算时间,应用于大型实际工程时受计算能力的限制仍有很多局限性。

围绕离散元法的域耦合主要指连续-非连续耦合,即在关键区域采用离散元模拟,在其他区域采用其他数值方法或解析解的分域耦合法,从而在保证离散元分析精度的同时,提高计算效率。耦合算法自 Felippa 等[122]于 1980 年提出以来,在岩土工程领域得到了长足的发展,已实现了离散元与多种数值方法如有限元法(Finite Element Method,FEM)[122-124]、有限差分法(Finite Difference Method,FDM)[125-128]、边界元法(Boundary Element Method,BEM)[129]和解析解[130]的耦合计算(图 3-5),已广泛应用于隧道开挖、桩土作用、滑坡、静力触探等静动力问题分析中。

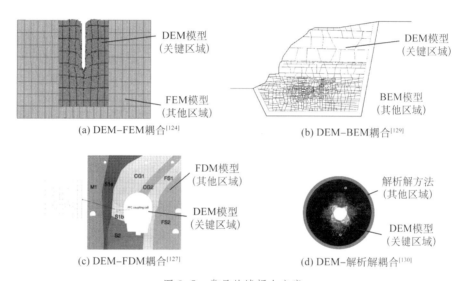

(a) DEM-FEM耦合[124] (b) DEM-BEM耦合[129]

(c) DEM-FDM耦合[127] (d) DEM-解析解耦合[130]

图 3-5　常见的域耦合方案

各类数值模拟方法与离散元耦合本身在处理大尺度问题时也会占用一定的计算时间,且在模型上无法完全准确模拟无限域问题。而理论解析解计算快速、高效,可以真实模拟无限域问题,适合大尺度工程问题的简化分析。笔者团队[130]提出了适用于深埋圆形隧道开挖过程分析的 DEM-解析解分区耦合方法。如图 3-5(d)所示,在离散元计算的第 i 步中,捕捉离散元在耦合边界处的位移并代入解析解计算解析应力,与离散元在耦合边界处的应力进行比较。若二者的相对误差满足条件,则进行第 $i+1$ 步离散元计算,若未达到精度要求则重新捕捉新的耦合边界位移进行上述计算,最终达到离散元和解析域的耦合。与全域采用 DEM 的方法相比较,该方法计算时间减少约 2/3,大大提高了计算效率,其结果在定性及定量上都具有足够的精度。图 3-6 为采用该耦合方法得到的锚固岩体(近场)力链图,揭示了锚杆在远端锚固和近端拉伸的作用机理。但对于边界条件及地质环境较复杂的问题,采用离散元与数值方法耦合更为适用。

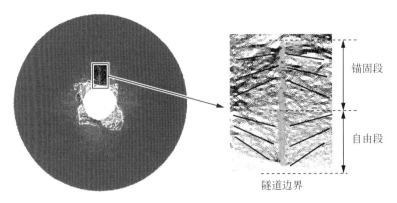

图 3-6　DEM-解析解耦合得到的锚固岩体力链图[130]

3.3.3　场域耦合

　　场域耦合综合了前述场耦合与域耦合,用于求解多场作用下的非连续大变形问题。由于涉及多种方法的耦合,在各个耦合界面的处理上存在一定的困难且对计算资源要求较高,当前研究成果相对较少。如倪小东等[131]采用 PFC 和 FLAC 两个软件进行耦合,分析了堤防工程的渗透变形,采用 FLAC 软件进行连续固相域和流体全域分析,采用 PFC 软件进行离散固相分析,通过 PFC 与 FLAC 中的流体交换数据实现流体-离散固相耦合,通过 PFC 与 FLAC 在界面交换数据实现连续-非连续耦合,而 FLAC 自身的流固耦合负责流体-连续固相耦合。金炜枫等[132]提升了这一模拟框架的理论完备性,考虑了流体边界网

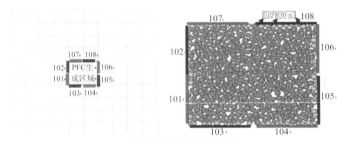

(a) 倪小东等的场域耦合[131]

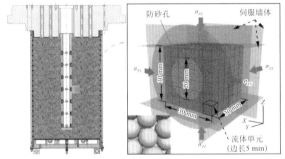

(b) 窦晓峰等的场域耦合[133]

图 3-7　常见的场域耦合解决方案

格移动,统一了流体方程组与离散颗粒和连续土体耦合的表达式,并将其应用于可液化场地中地下管线地震响应的离心机试验模拟。窦晓峰等[133]采用 TOUGH＋HYDRATE＋FLAC3D 构建了水合物-热-流-固多场耦合宏观预测模型,并采用 PFC 进行离散-连续流固耦合,以模拟水合物开采过程中井壁附近的出砂过程。Xavier 等[134]在 preCICE 平台上耦合了 XDEM、OpenFOAM(CFD)、deal.II(FEM)三个软件,实现了流体-连续＋非连续固体耦合。随着岩土工程问题的日益复杂,必然有更多问题涉及非连续大变形和流固耦合,围绕离散元开展的场域耦合模拟将是未来研究的热点。

3.4 微观接触本构模型框架

颗粒间接触本构模型是离散元法中的物理方程,又称颗粒间的力-位移关系,它定义了颗粒间接触力(广义力,包括力和力矩)与接触点相对位移(广义位移,包括平动位移和转动位移)的关系。接触模型是离散元模拟的核心,也是研究的热点之一。目前已提出的接触模型数量众多,种类繁杂,根据接触的几何特征,接触模型可以分为点接触和面接触两类。根据接触作用的特点,本节将接触模型分为无胶结、软胶结、硬胶结和软硬复合胶结四种类型。

3.4.1 无胶结接触模型

无胶结接触模型是最基本的模型,仅考虑颗粒直接接触而产生的作用力,可用于砂土、砾石等材料的模拟。经典接触模型[77]仅包括法向和切向力学响应,不含弯转和扭转力学响应(即接触被看作点接触),仅适合模拟低强度净砂[83,135]。在此基础上,一些学者针对动力问题提出了可考虑刚度变化的接触模型[136,137]。以上这些模型由于没有考虑弯扭响应,无法考虑颗粒形状的影响,也无法模拟内摩擦角大的材料。为克服这一问题,一些学者提出了考虑抗转动效应的接触模型。

笔者[95]通过引入抗转动系数,推导了二维含抗转动接触模型,并引入粗糙度和接触点数两个参数,建立了能够反映颗粒间多点接触的含抗转动接触模型。笔者[96]还假设接触面为圆形面,进一步提出了三维含抗弯转和抗扭转接触模型,物理元件如图 3-8 所示,线(弯、扭)弹簧用于描述颗粒间平移(转动)方向的弹性作用,黏壶用于描述颗粒运动过程中能量的耗散,分离器用于描述颗粒不能承担拉作用,滑片(滚筒、扭筒)用于描述颗粒间切向力(弯矩、扭矩)达到最大值后的抗滑(弯、扭)作用。力学响应如图 3-9 所示,包含法向、切向、弯转和扭转全部四个方向的力学响应,该模型可作为颗粒间力学响应的"完整

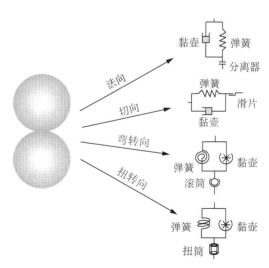

图 3-8 三维含抗弯转和抗扭转接触
模型物理元件图

接触模型",它能够模拟粗糙颗粒内摩擦角大的特性,在分析与颗粒形状密切相关的问题上具有突出优势,如剪切带的形成等。若引入其他作用力,如毛细力、范德华力、双电层斥力和胶结物质作用力等,则可形成针对不同材料的微观接触本构。

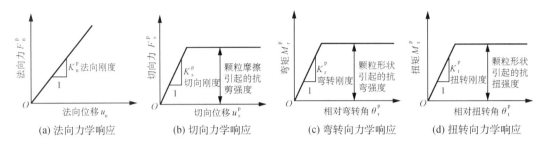

(a) 法向力学响应　　(b) 切向力学响应　　(c) 弯转向力学响应　　(d) 扭转向力学响应

F_n^p、F_s^p、M_r^p、M_t^p——法向力、切向力、弯矩和扭矩;

K_n^p、K_s^p、K_r^p、K_t^p——法向、切向、弯转向和扭转向刚度;

u_n、u_s^p、θ_r^p、θ_t^p——接触处法向重叠量、切向位移、相对弯转角和相对扭转角。

图 3-9　三维含抗弯转和抗扭转接触模型力学响应

3.4.2　软胶结接触模型

软胶结指作用力随颗粒分离(或分离一定距离)而消失,在颗粒重新接触(或小于某一距离)后又恢复作用力的胶结。软胶结直接提供法向作用力,并间接影响抗剪、抗弯和抗扭强度。在剪力、弯矩和扭矩作用下,软胶结不会失效。软胶结接触模型可用于模拟非饱和土[138,139]、月壤[140]和黏土[141]等。

软胶结作用力 F_r 主要包括吸引力(毛细力、范德华力等)和斥力(双电层斥力等),可根据接触距离、颗粒尺寸等进行计算,也可进行适当简化。当颗粒分离时,软胶结作用力 F_r 为零。法向力 F_n^p 的数学表达式为:

$$F_n^p = \begin{cases} K_n^p u_n \pm F_r, & u_n \geqslant 0 \\ 0, & u_n < 0 \end{cases} \tag{3-34}$$

软胶结接触模型可看作无胶结接触模型在引入软胶结作用后形成的模型,其法向力学响应如图 3-10 所示,切向、弯转向和扭转向力学响应与无胶结接触模型类似(图 3-9)。

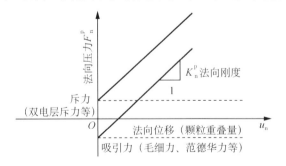

图 3-10　软胶结接触模型中的法向力学响应

3.4.3 硬胶结接触模型

在胶结砂土、岩石、能源土等材料中存在各种矿物胶结、水泥胶结、水合物胶结等,胶结在破坏后不能恢复,此类胶结接触模型称为硬胶结接触模型。硬胶结接触模型按胶结物厚度可分为有厚度胶结(颗粒未接触)和无厚度胶结(颗粒接触);按胶结物宽度可分为点胶结(胶结宽度较小,不考虑弯转和扭转力学响应)和面胶结(胶结具有一定宽度,考虑弯转和扭转力学响应)。经典的平行胶结模型[142](Parallel Bond Model,PBM)包含了全部四个方向的力学响应,得到了广泛的应用,但该模型未考虑接触刚度与胶结厚度的关系,且胶结强度准则仅针对简单受力情况,并缺少试验依据。一些学者针对 PBM 的不足,在强度准则等方面进行了改进[143-145],提高了模型对岩石等材料的适用性;一些学者基于不同的理论提出了一些新胶结接触模型[146,147]。但以上几个问题尚未得到根本解决。

笔者团队[152]采用室内铝棒(球)胶结接触试验[148-150]、数值分析[151]和理论分析[152]方法,系统研究了胶结物在简单和复杂荷载下的力学特性,考虑了胶结尺寸(不同胶结宽度、不同胶结厚度)和颗粒尺寸(不同颗粒半径)对胶结强度和刚度的影响,提出了可分别用于二维和三维接触模型的新的胶结强度准则,并在此基础上提出了二维完整胶结接触模型[153,154]和三维完整胶结接触模型[155]。

硬胶结接触模型可以看作无胶结接触模型在引入硬胶结作用后形成的模型,其中,三维完整硬胶结接触模型的物理元件如图 3-11 所示,图中胶结元为刚塑性元件,可描述胶结的脆性破坏,即当应力小于其强度时,应变为 0;当应力大于或等于其强度时,位移无限大。其他物理元件作用与前文相同。力学响应如图 3-12 所示,其中刚度、强度均与胶结宽度、厚度和颗粒半径相关。

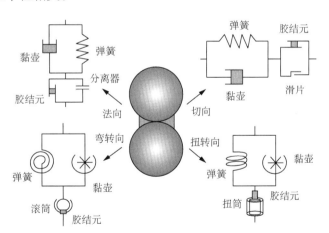

图 3-11 三维含抗弯转和抗扭转硬胶结接触模型物理元件图

模型总强度准则如图 3-13 所示。强度准则中不仅考虑了胶结宽度、厚度和颗粒半径的影响,同时也考虑了胶结在法向力、切向力、弯矩和扭矩复合作用下的影响。胶结部分剪-弯-扭耦合强度表达式如下:

$$\left(\frac{F_s^b}{R_{sb}}\right)^2+\left(\frac{M_r^b}{R_{rb}}\right)^2+\left(\frac{M_t^b}{R_{tb}}\right)^2=1 \tag{3-35}$$

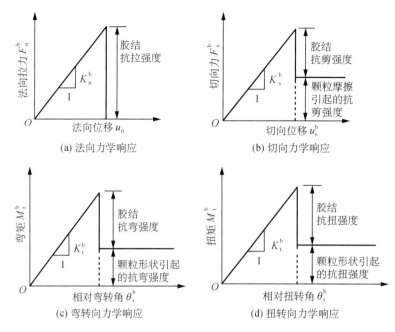

$F_{\mathrm{n}}^{\mathrm{b}}$、$F_{\mathrm{s}}^{\mathrm{b}}$、$M_{\mathrm{r}}^{\mathrm{b}}$、$M_{\mathrm{t}}^{\mathrm{b}}$—胶结承担的法向力、切向力、弯矩和扭矩;

$K_{\mathrm{n}}^{\mathrm{b}}$、$K_{\mathrm{s}}^{\mathrm{b}}$、$K_{\mathrm{r}}^{\mathrm{b}}$、$K_{\mathrm{t}}^{\mathrm{b}}$—胶结的法向、切向、弯转向和扭转向刚度;

u_{n}、$u_{\mathrm{s}}^{\mathrm{b}}$、$\theta_{\mathrm{r}}^{\mathrm{b}}$、$\theta_{\mathrm{t}}^{\mathrm{b}}$—接触处法向重叠量、切向位移、相对弯转角和相对扭转角。

图 3-12　三维含抗弯转和抗扭转硬胶结接触模型力学响应

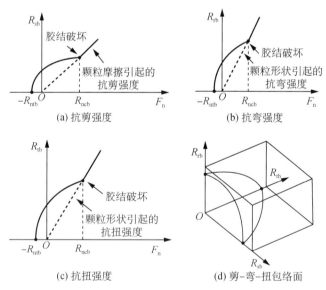

R_{ntb}、R_{ncb}—胶结抗拉、抗压强度;

R_{sb}、R_{rb}、R_{tb}—不考虑耦合情况下的胶结抗剪、抗弯和抗扭强度。

图 3-13　三维含抗弯转和抗扭转硬胶结接触模型的强度准则

3.4.4 软硬复合胶结接触模型

软硬复合胶结接触模型是在无胶结接触模型中同时引入软、硬胶结作用后形成的模型。胶结破坏后若颗粒重新接触,则软胶结可恢复作用,而硬胶结不能恢复作用。对于无厚度胶结,法向接触力为颗粒之间作用力、软胶结作用力与硬胶结作用力三者之和;对于有厚度胶结,法向接触力为软胶结作用力与硬胶结作用力之和。其物理元件图与力学响应由二者组合得到,这里不再赘述。软硬复合胶结接触模型可用于模拟非饱和结构性土,如黄土等[156]。

3.5 本章小结

离散元法是将材料视为不连续颗粒集合体的一种数值分析方法,每个颗粒的运动采用牛顿运动定律描述,运用中心差法计算每个颗粒的位置与运动。散粒体材料的宏观力学特性是微观颗粒间接触特性的整体和宏观表现,由此形成了一系列宏微观参量的关联方法,是土体跨尺度关联的理论基础。

离散元模拟需遵循一定的步骤和原则,运用离散元模拟的特定技术才能保证模拟结果与试验结果具有较高的一致性,这包括选择颗粒形状,调整颗粒级配及数量,采用分层欠压法生成均匀试样,选择接触模型与参数,施加与控制边界条件。此外,在模拟复杂岩土工程问题时,还需考虑与流体、温度、浓度等物理化学场的耦合,与其他数值模拟或解析求解方法的域耦合,以及更加复杂的场域耦合。本章简要讨论了围绕离散元的耦合方法与技术。

接触模型是离散元模拟的核心,文献中已报道过各类接触模型实例,笔者将接触模型归纳为无胶结、软胶结、硬胶结和软硬复合胶结四种类型,并逐一介绍了四类模型的框架,为读者理解接触模型理论并发展自己的模型提供参考。

4 深海能源土胶结接触模型

本章以深海能源土为例,详细讨论了针对特定材料构建微观接触模型的一般思路与方法。首先介绍深海能源土的静力温-压-力耦合胶结接触模型,然后将该静力接触模型推广为动力模型。本章内容是后续各章节离散元数值模拟的基础。本章及后续章节所述深海能源土特指胶结型深海能源土,可将其视为一种特殊胶结散粒体材料。本书所开展的深海能源土离散元数值模拟均为二维情况,即将土颗粒简化为平面圆盘颗粒。模拟结果表明,二维离散元模拟能够很好地反映深海能源土的关键力学特性。

4.1 考虑水合物胶结形态的接触模型

4.1.1 水合物的生成与受力概况

图4-1给出了水合物胶结颗粒示意图。为使接触模型能够合理描述土颗粒与粒间水合物的微观受力机制,需全面考虑胶结水合物的生成与受力过程,具体包括以下三个阶段。

(1)水合物生成前。依据土颗粒受力状态,可将颗粒接触细化为图4-1所示的 I、II两种模式:模式 I 中两颗粒相接触(上覆沉积层、人工构筑物等导致土颗粒接触处存在相互作用),接触间可传递法向压力 F_n^p、切向力 F_s^p 与弯矩 M_r^p;模式 II 中两颗粒相分离,无相互作用力。

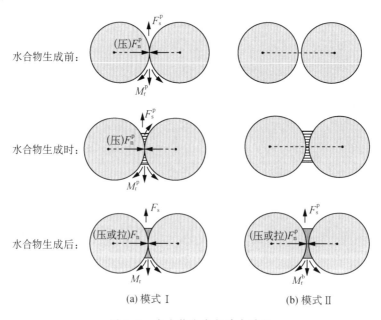

(a) 模式 I   (b) 模式 II

图4-1 水合物生成与受力过程

（2）水合物生成时。水合物生成是一种成核过程，当其在接触间形成胶结时，假设模式Ⅰ、Ⅱ中颗粒仍保持初始受力状态，此时水合物承担的作用为零。

（3）水合物生成后。相比于水合物生成前，当土体所受外荷载未发生变化时，水合物不承担任何作用。当外荷载发生变化时，水合物开始与颗粒一起承担接触作用：模式Ⅰ中水合物与土颗粒的直接接触一起传递荷载，模式Ⅱ中水合物使得原本分离的两颗粒也能间接传递荷载。

4.1.2 胶结接触模型的力-位移关系

胶结接触模型的力-位移关系是对 4.1.1 节水合物生成与受力过程的数学抽象描述。需要指出的是，此处的"力"是广义力，包括力和力矩；"位移"是广义位移，包括颗粒接触处的相对平动和相对转动。

1. 水合物生成前

水合物生成前颗粒通过直接接触传递相互作用。接触力学响应由颗粒直接接触控制，接触传递的总法向力 F_n、切向力 F_s、弯矩 M_r 可分别表示为：

$$F_n = F_n^p, \ F_s = F_s^p, \ M_r = M_r^p \tag{4-1}$$

式中，上标"p"表示通过颗粒直接接触传递的作用。

上述接触作用可表示为[95]：

$$F_n^p = \begin{cases} K_n^p u_n, & u_n \geqslant 0 \\ 0, & u_n < 0 \end{cases} \tag{4-2}$$

$$F_s^p = \min\left\{ K_s^p \Delta u_s^p + F_s^p, \ F_n^p \mu^p \right\} \tag{4-3}$$

$$M_r^p = \min\left\{ K_r^p \Delta \theta_r^p + M_r^p, \ F_n^p \beta^p \bar{R} / 6 \right\} \tag{4-4}$$

$$K_r^p = K_n^p (\beta^p \bar{R})^2 / 12 \tag{4-5}$$

式中，$\min\{\cdot\}$ 表示取较小值；K_n^p、K_s^p、K_r^p 分别为颗粒法向、切向与弯转向接触刚度；$\bar{R} = r_1 r_2 / (r_1 + r_2)$，$r_1$、$r_2$ 为两颗粒半径；u_n 表示两颗粒间法向重叠量，定义为两颗粒半径之和与颗粒中心间距离的差值（$u_n \geqslant 0$ 时两颗粒相接触，$u_n < 0$ 时两颗粒相分离）；Δu_s^p、$\Delta \theta_r^p$ 分别为两颗粒接触处的相对切向位移增量与相对弯转角增量；μ^p 为颗粒接触摩擦系数；β^p 为颗粒接触抗转动系数。

图 4-2 给出了式（4-2）—式（4-5）描述的颗粒间接触力学响应。由图可见，当法向重叠量 $u_n \geqslant 0$ 时，颗粒间可以传递法向压力 F_n^p，且 F_n^p 随 u_n 的增大而线性增大；当 $u_n < 0$ 时，颗粒相分离，所传递的法向力为零。在切向，剪切力 F_s^p 首先随剪切位移 u_s^p 的增大而线性增大；当 F_s^p 超出颗粒间最大摩擦力时，F_s^p 保持在最大摩擦力而不再增大。在弯转向上，弯矩 M_r^p 首先随颗粒间相对转角 θ_r^p 的增大而线性增大；当 M_r^p 超出颗粒间最大抗弯能力时，M_r^p 保持不变。

2. 水合物生成时

如前所述，颗粒间水合物胶结的生成并未改变接触受力状态。此时各状态变量作为

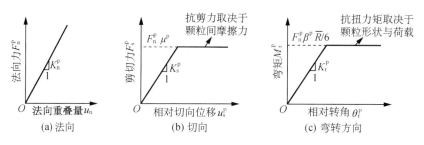

(a) 法向　　　　　　(b) 切向　　　　　　(c) 弯转方向

图 4-2　颗粒间接触力学响应

下一阶段（水合物生成后并开始承受外部荷载）的初始变量，如模式Ⅰ中胶结生成时颗粒间法向重叠量记为 u_{n0}（$u_{n0} \geqslant 0$）。

3. 水合物生成后

在此状态下，水合物胶结与颗粒直接接触（若存在），一起传递接触作用。为反映水合物胶结和颗粒直接接触不同的受力历史，此处将胶结与颗粒直接接触所传递的作用分开表达。接触传递的总作用可表示为两部分之和：

$$F_n = F_n^b + F_n^p, \quad F_s = F_s^b + F_s^p, \quad M_r = M_r^b + M_r^p \tag{4-6}$$

式中，F_n^b、F_s^b、M_r^b 分别为接触处由水合物胶结所传递的法向力、切向力和弯矩。

图 4-3 给出了胶结模式Ⅰ、Ⅱ接触作用传递机制示意图。由图 4-3(a) 可知，模式Ⅰ中接触间总作用由颗粒直接接触与胶结共同承担；图 4-3(b) 显示，模式Ⅱ中接触间总作用只由胶结承担（不存在颗粒直接接触）。需注意，在受到外荷载作用时，两种胶结模式可以发生转化，如当模式Ⅰ中两颗粒受到拉力时，法向重叠量 u_n 可能会逐渐减小直至 $u_n \leqslant 0$，此时若胶结未发生破坏，接触将转化为模式Ⅱ。

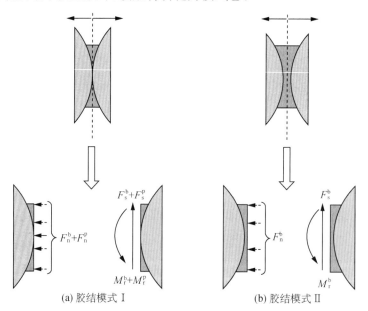

(a) 胶结模式Ⅰ　　　　　　(b) 胶结模式Ⅱ

图 4-3　接触作用传递机制

由于颗粒在水合物生成前后所传递的作用是连续的,此处假设式(4-6)中模式 Ⅰ 的颗粒直接接触传递的作用仍按式(4-2)—式(4-5)计算,模式 Ⅱ 中 F_n^p、F_s^p、M_r^p 均为 0。而胶结部分的力学响应在胶结破坏前后不同,可进一步分为胶结破坏前与破坏后两种力学响应。

(1)胶结破坏前的力学响应

胶结法向力可表达为:

$$F_n^b = K_n^b u_n^b, \quad -R_{ntb} < F_n^b < R_{ncb} \tag{4-7}$$

$$u_n^b = u_n - u_{n0} \tag{4-8}$$

式中,u_n^b 为胶结法向压缩量,是当前接触重叠量 u_n 与胶结生成时重叠量 u_{n0} 之差;K_n^b 为胶结法向刚度;R_{ntb}、R_{ncb} 分别为胶结抗拉与抗压强度。

在切向与弯转方向,胶结承担的切向力与弯矩可分别表达为:

$$F_s^b = K_s^b \Delta u_s^b + F_s^b, \quad F_s^b < R_{sb} \tag{4-9}$$

$$M_r^b = K_r^b \Delta \theta_r^b + M_r^b, \quad M_r^b < R_{rb} \tag{4-10}$$

式中,K_s^b、K_r^b 分别为胶结切向与弯转向刚度;Δu_s^b、$\Delta \theta_r^b$ 分别为胶结经历的相对切向位移增量与相对弯转角增量;R_{sb}、R_{rb} 分别为胶结抗剪与抗弯强度。在水合物生成时,胶结传递的法向、切向和弯转向作用均为 0。

(2)胶结破坏后的力学响应

在法向,胶结破坏后的受力可表达为:

$$F_n^b = \begin{cases} 0, & u_n^b < 0 \\ K_n^b u_n^b, & 0 \leqslant u_n^b < R_{ncb}/K_n^b \\ \lambda R_{ncb}, & u_n^b \geqslant R_{ncb}/K_n^b \end{cases} \tag{4-11}$$

式中,λ 为胶结残余抗压参数。当 $u_n^b < 0$ 时,胶结受拉破坏,胶结传递的法向力为 0;当 $u_n^b \geqslant R_{ncb}/K_n^b$(即胶结法向力大于其抗压强度)时,胶结相当于发生单轴压缩破坏,认为胶结法向力降为 λR_{ncb};当 $0 \leqslant u_n^b < R_{ncb}/K_n^b$ 时(胶结因剪切、弯转作用破坏,而非因拉、压作用破坏),由于胶结法向力未达到抗压强度,故认为其仍可承担压力(但无法承担拉力)。

在剪切方向,胶结在破坏后的剪切力为胶结破坏时的剪切力(即 $K_s^b \Delta u_s^b + F_s^b$)与胶结破坏面抗剪强度($F_{s,\,resid}^b$)的较小值:

$$F_s^b = \min \left\{ K_s^b \Delta u_s^b + F_s^b, \ R_{s,\,resid}^b \right\} \tag{4-12}$$

$$R_{s,\,resid}^b = F_n^b \mu^b \tag{4-13}$$

式中,μ^b 为胶结破坏面摩擦系数。

同理,在弯转方向,胶结接触在破坏后的弯矩为:

$$M_r^b = \min \left\{ K_r^b \Delta \theta_r^b + M_r^b, \ R_{r,\,resid}^b \right\} \tag{4-14}$$

$$R_{r,\,resid}^b = \frac{F_n^b \beta^b \bar{R}}{6} \qquad (4\text{-}15)$$

式中，β^b 为胶结破坏面抗转动系数，详见文献［157］中的胶结接触模型。

胶结破坏可细化为以下两种典型类型。A 类破坏：胶结在受压区发生破坏，此状态下胶结仍然能够承担一定的压力、剪力或弯矩。B 类破坏：胶结在受拉区发生破坏，此状态下胶结不能再承担任何作用力。图 4-4 进一步给出了由式(4-7)—式(4-15)所描述的胶结部分各向接触力学响应。

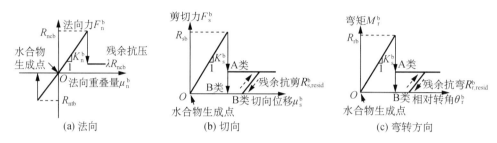

图 4-4　胶结接触力学响应

在法向，随着胶结压缩量的增大或减小，胶结法向压力或拉力线性增大，当该接触力达到胶结抗压或抗拉强度时，胶结发生压缩或拉伸破坏。当发生拉伸破坏时，胶结法向拉力陡降为零；当发生压缩破坏时，胶结法向力陡降至残余抗压强度。

在切向，胶结剪切力随切向位移增大而线性增大，当达到胶结抗剪强度时，胶结将发生剪切破坏；当胶结破坏类型为 A 类破坏时，胶结剪切力陡降至胶结抗剪残余值；当胶结破坏类型为 B 类破坏时，胶结剪切力则陡降为零。

弯转方向的胶结力学响应与剪切方向相似，此处不再赘述。

4.1.3　胶结破坏准则

1. 胶结抗压与抗拉强度

水合物胶结抗压与抗拉强度 R_{ncb}、R_{ntb} 同水合物的抗压与抗拉特性有关，可分别表示如下：

$$R_{ncb} = B q_{max,\,c} \qquad (4\text{-}16)$$

$$R_{ntb} = B q_{max,\,t} \qquad (4\text{-}17)$$

式中，B 为胶结宽度；$q_{max,\,c}$、$q_{max,\,t}$ 分别为在水压 σ_w 条件下水合物压缩、拉伸的峰值偏应力。如图 4-5 所示，$q_{max,\,c}$、$q_{max,\,t}$ 可分别表示为：

$$q_{max,\,c} = \sigma_c - \sigma_w \qquad (4\text{-}18)$$

$$q_{max,\,t} = \sigma_w - \sigma_t \qquad (4\text{-}19)$$

式中，σ_c、σ_t 分别为在水压 σ_w 条件下进行轴向压缩或拉伸试验，水合物所能承受的极限大、小主应力，可分别由围压 σ_w 条件下的水合物三轴压缩与拉伸试验获取，如图 4-6 所示。

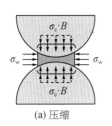 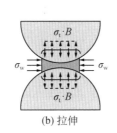 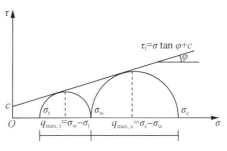

<table>
<tr><td>(a) 压缩</td><td>(b) 拉伸</td></tr>
</table>

图 4-5　在水压 σ_w 条件下颗粒间压缩与拉伸示意图　　　　图 4-6　水合物抗剪强度包络线

2. 胶结抗剪与抗弯强度

目前尚无针对水合物胶结抗剪、抗弯强度的直接试验资料，这里采用间接方法近似确定。笔者团队[158,159]对水泥和环氧树脂胶结接触进行了大量室内试验研究，结果表明，胶结接触的抗剪、抗弯强度（R_{sb}、R_{rb}）与胶结接触法向力（F_n^b）、胶结接触抗拉和抗压强度（R_{ntb}、R_{ncb}）有关，可分别表达为：

$$R_{sb} = \mu^b R_{ncb} \frac{F_n^b + R_{ntb}}{R_{ncb} + R_{ntb}} \left[1 + g_s \left(\ln \frac{R_{ncb} + R_{ntb}}{F_n^b + R_{ntb}} \right)^{f_s} \right] \tag{4-20}$$

$$R_{rb} = \frac{R_{ncb} \beta^b \overline{R}}{6} \cdot \frac{F_n^b + R_{ntb}}{R_{ncb} + R_{ntb}} \left[1 + g_r \left(\ln \frac{R_{ncb} + R_{ntb}}{F_n^b + R_{ntb}} \right)^{f_r} \right] \tag{4-21}$$

式中，g_s、f_s 与 g_r、f_r 分别为表征胶结抗剪、抗弯强度包络线的形状系数，与胶结材料性质有关。

根据水泥、环氧树脂、冰三种材料的强度结果[160-163]总结的强度包络线如图 4-7 所示，从图中可以发现，水泥的强度包络线峰值位置偏向左侧，而环氧树脂的强度包络线峰值位置偏向右侧，冰的强度包络线与水泥相似。值得注意的是，冰的物理、化学、力学性质与天然气水合物较为相似[164,165]，据此推测，水合物的抗剪、抗弯强度与水泥胶结应该有较大的相似性。因此，在缺乏水合物胶结接触强度试验数据的情况下，上述形状参数 g_s、f_s 与 g_r、f_r 将采用文献[158]关于水泥胶结接触的试验结果，表达式如下：

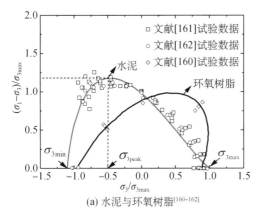 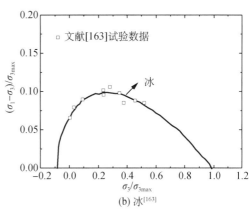

<table>
<tr><td>(a) 水泥与环氧树脂[160-162]</td><td>(b) 冰[163]</td></tr>
</table>

图 4-7　不同材料在 $(\sigma_1 - \sigma_3)$-σ_3 空间的二维强度包络线

$$g_s = 2.876 - 1.623\exp\left\{-0.5\left[(h_{\min} - 1.236)/0.506\right]^2\right\} \tag{4-22}$$

$$f_s = 0.824 + 0.364\exp\left\{-0.5\left[(h_{\min} - 1.069)/0.353\right]^2\right\} \tag{4-23}$$

$$g_r = 3.068h_{\min}^2 - 7.347h_{\min} + 6.358 \tag{4-24}$$

$$f_r = 1/(2.719 - 3.207h_{\min} + 1.442h_{\min}^2) \tag{4-25}$$

式中，$h_{\min}$ 为胶结接触处的最小胶结厚度（mm）。

式(4-20)、式(4-21)中水合物抗拉、抗压强度（R_{ntb}、R_{ncb}）均与其所处温压环境相关，此处用以下算例详细说明其对胶结强度包络线的影响。胶结宽度 $B = 0.4$ mm，最小胶结厚度 $h_{\min} = 0$ mm，周围水压 $\sigma_w = 10$ MPa，三种温度条件下（283 K、274 K、268 K）的胶结抗剪、抗弯强度包络线如图 4-8 所示。形状参数 g_s、f_s 分别为 2.794，0.828，g_r、f_r 分别为 6.358，0.368，三种温度条件下的 R_{ntb} 分别为 4.9，8.4，10.7 kN，R_{ncb} 分别为 25.3，41.0，51.5 kN。图 4-8 中，由于形状参数取值相同，不同温度条件下的抗剪、抗弯强度包络线形状相同，包络线范围大小主要取决于不同温度条件下的 R_{ntb}、R_{ncb}。

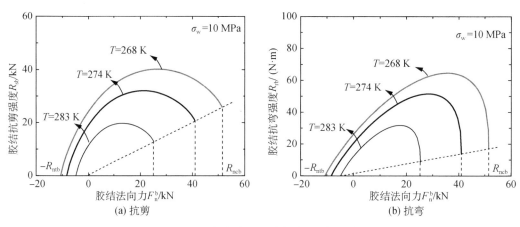

图 4-8　不同温度条件下胶结抗剪、抗弯强度包络线

3. 胶结复合破坏强度准则

考虑到土颗粒间胶结接触常受到拉、压、剪、弯的共同作用，笔者团队[158,159]对不同胶结厚度下的水泥与环氧树脂胶结铝棒进行了一系列拉、压、剪、弯复杂加载试验，得到了可描述不同胶结材料在复杂受力条件下的破坏准则。图 4-9 和图 4-10 分别给出了环氧树脂、水泥胶结样的剪、弯复合加载强度包络线。由图可见，在剪力-弯矩空间中，峰值强度包络线均具有相似的类椭圆状，这一性质与材料类型、胶结厚度基本无关。另外，强度包络线围合范围先随法向压力的增大而增大，当达到某临界法向压力后，又随法向压力的增大而减小。

在法向力（F_n^b）-剪切力（F_s^b）-弯矩（M_r^b）空间内，可将胶结物强度包络面拟合为椭球形包络面：

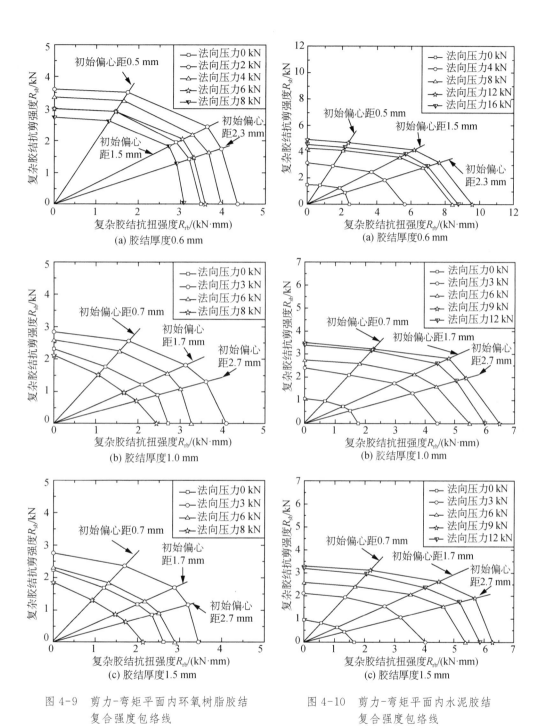

图 4-9　剪力-弯矩平面内环氧树脂胶结
复合强度包络线

图 4-10　剪力-弯矩平面内水泥胶结
复合强度包络线

$$\left(\frac{F_\mathrm{s}^\mathrm{b}}{R_\mathrm{sb}}\right)^2+\left(\frac{M_\mathrm{r}^\mathrm{b}}{R_\mathrm{rb}}\right)^2 \begin{cases} <1, & \text{胶结未破坏} \\ =1, & \text{临界状态} \\ >1, & \text{胶结破坏} \end{cases} \tag{4-26}$$

式中，R_{sb} 为拉（压）-剪切（无弯矩）加载条件下的胶结抗剪强度；R_{rb} 为拉（压）-弯转（无剪切力）加载条件下的胶结抗弯强度，可分别由式（4-20）、式（4-21）确定。

图 4-11 给出了式（4-26）所描述的胶结强度包络面示意图，该包络面对应于胶结发生破坏的临界状态。在强度包络面中，当破坏点对应的胶结法向力 $F_n^b > 0$ 时，为 A 类破坏；当破坏点所对应的胶结法向力 $F_n^b \leqslant 0$ 时，为 B 类破坏。

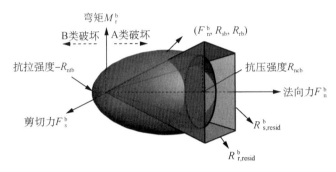

图 4-11　拉-压-剪-弯共同作用下的胶结强度包络面

本节介绍的力-位移关系表达式与胶结破坏准则能够较好地描述两种胶结模式下水泥和环氧树脂胶结样在复杂加载条件下（拉伸、压缩、剪切、弯转）的力-位移变化规律及胶结破坏规律。尽管目前尚无直接的水合物胶结接触力学特性试验资料，但上述力-位移关系式与胶结破坏准则能够在一定程度上用于描述水合物胶结的力学特性。

4.2　基于温压状态的水合物胶结力学参数确定方法

4.1 节介绍的接触模型中的水合物胶结强度、刚度与水合物材料的强度、模量以及水合物胶结的几何形态有关，而水合物的力学特性又与其所处的温压状态密切相关。本节将介绍基于温压状态的胶结强度与刚度确定方法。

4.2.1　考虑温压状态的水合物胶结强度确定方法

由式（4-16）和式（4-17）可知，水合物胶结的抗压、抗拉强度与水合物自身强度及其尺寸有关，胶结的抗剪、抗弯强度及复合强度包络面均由抗压、抗拉强度决定。本节将介绍水合物自身强度确定方法以及考虑尺寸效应的修正方法，而决定水合物胶结强度的胶结尺寸效应将在 4.3 节详细介绍。

1. 考虑温压状态的水合物胶结强度

式（4-16）中的峰值偏应力 $q_{max,c}$ 与水合物所处的温度和水压环境密切相关[36-40,57]。以下将依据已有的 6 组水合物三轴剪切试验资料，探究可考虑温度、水压影响的 $q_{max,c}$ 经验公式。图 4-12(a) 给出了 6 组试验资料中的水合物所处温压状态，其中实线为水合物相平衡线。当温压状态在该线上方时水合物可稳定赋存，在该线下方时水合物将分解为甲烷和水。由图可见,试验中水合物围压上限值为 10 MPa,相当于水深约 1 000 m 处的水压值。另外,试验中采用的试样高径比为 1.5~2,加载应变率为 0.5%/min~1.3%/min,水合物密度为 0.7~0.9 g/cm³。为便于介绍,后文中将用变量 P 表示三轴试验中的围压或水压(反映能源土孔隙水压对水合物强度的影响)。

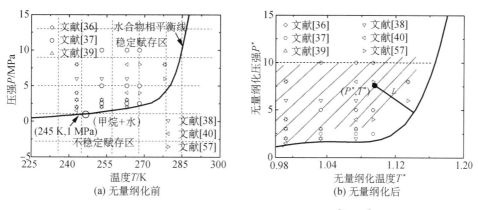

图 4-12　试验资料中水合物试验的温压状态[36-40,57]

由于温度和压强量纲不同,为消除量纲的影响,对二者进行无量纲处理。以温压点(245 K,1 MPa)对温度和压强进行无量纲处理,得到无量纲温度 $T^* = T/245$ K,无量纲压强 $P^* = P/1$ MPa,如图 4-12(b)所示。

对已有相平衡数据点[40]进行 6 次多项式拟合,可得到无量纲化后的水合物相平衡线,其表达式如下:

$$P^* = \sum_{i=0}^{6} a_i (T^*)^i \tag{4-27}$$

式中,a_i 为拟合系数,$a_0 = 8.8 \times 10^4$,$a_1 = -4.7 \times 10^5$,$a_2 = 1.1 \times 10^6$,$a_3 = -1.3 \times 10^6$,$a_4 = 8.3 \times 10^5$,$a_5 = -2.9 \times 10^5$,$a_6 = 4.2 \times 10^4$。

将图 4-12(b)中各温压状态点(T^*,P^*)至相平衡线的最小距离 L 称为温压参数,或写为 $L(T^*,P^*)$。图 4-13 给出了 $q_{max,c}$ 随 L 的变化关系,可采用下式进行拟合:

$$\frac{q_{max,c}}{p_a} = a_1 L(T^*,P^*) + a_2 \tag{4-28}$$

式中,p_a 为大气压(取 101 kPa);a_1、a_2 分别为拟合线的斜率与截距。上述拟合相关系数 $\bar{R}^2 = 0.85$,而无量纲化点(245 K,1 MPa)是经大量尝试确定的,它可使得 $\bar{R}^2$ 最大。

水合物峰值偏应力与其密度密切相关,因而尚需进一步考虑水合物密度的影响。以下将以 Hyodo 等[57]对水合物纯度较高试样的三轴剪切结果为基础进行分析。图 4-14 给出了水合物峰值偏应力 $q_{max,c}/p_a$ 密度 ρ^* 的变化关系。由图可知,$q_{max,c}/p_a$ 基本随 ρ^* 增大呈线性增大规律,斜率近似相同,不受温压状态影响,而纵截距随围压增大而增大。因此,假定 $q_{max,c}/p_a$ 随 ρ^* 变化的关系线的斜率与温压状态无关,纵截距可表达为温压参数 L 的函数,则 $q_{max,c}/p_a$ 与 ρ^* 的关系式可表达为:

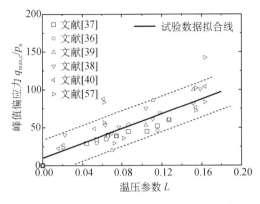 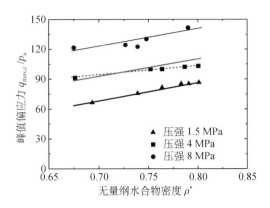

图 4-13 峰值偏应力随温压参数的变化关系[36-40,57]　　　图 4-14 峰值偏应力随密度的变化关系[57]

$$\frac{q_{\max,\,c}}{p_a} = b_1 \rho^* + b_2(L) \tag{4-29}$$

式中，ρ^* 为水合物密度除以 4℃ 时水的密度之后得到的无量纲密度；b_1、$b_2(L)$ 分别为拟合线的斜率与截距（与温压参数 L 有关）。

综合式(4-28)、式(4-29)可得：

$$\frac{q_{\max,\,c}}{p_a} = \begin{cases} 186\rho^* + 715L(T^*, P^*) - 133, & L > 0 \\ 0, & L \leqslant 0 \end{cases} \tag{4-30}$$

尽管已有少量文献报道了水合物拉伸强度特性[42,166,167]，但由于缺乏系统的试验资料，此处假设基于三轴压缩试验所得到的水合物强度准则同样适用于三轴拉伸情况，即围压为 σ_w 的三轴拉伸试验所对应的峰值拉应力为 σ_t 时，围压为 σ_t 的三轴压缩试验所对应的峰值压应力为 σ_w，如图 4-5(b)、图 4-6 所示，根据式(4-30)有：

$$\frac{q_{\max,\,t}}{p_a} = \frac{\sigma_w - \sigma_t}{p_a} = \begin{cases} 186\rho^* + 715L(T^*, P^*) - 133, & L > 0 \\ 0, & L \leqslant 0 \end{cases} \tag{4-31}$$

式中，$P^* = \sigma_t / 1\,\mathrm{MPa}$。

当已知围压（水压）σ_w 时，式(4-31)需采用迭代方法求解。

2. 考虑尺寸与形状效应的胶结强度

式(4-30)、式(4-31)是拟合高径比为 2∶1 的水合物圆柱样试验结果得到的，不能直接用于水合物微观胶结强度的确定。原因如下：

（1）试样尺寸和厚宽比的影响。在三轴试验中，甲烷水合物试样的尺寸较大，一般为直径 50 mm、高 100 mm 的圆柱体（高径比约为 2∶1），而本节简化的胶结接触处的水合物尺寸远小于水合物圆柱样，且胶结物高径比更小。已有研究认为，试样尺寸和厚宽比对脆性材料的应力-应变特性有影响。Majeed[168] 对直径×高度分别为 50 mm×100 mm、100 mm×200 mm、150 mm×300 mm 的三组水泥试样进行压缩试验研究，结果表明，试样强度值随试样尺寸的减小而逐渐增大（图 4-15）。Abdulla 等[169] 对厚宽比分别为 0.75、1.0、1.5、1.875 的水泥砂浆进行了三轴试验，结果发现，试样峰值强度随厚宽比增大而减小(图 4-16)。

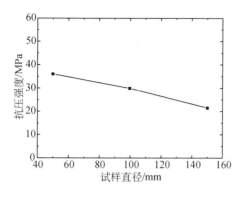
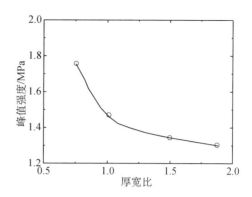

图 4-15　水泥试样抗压强度随试样尺寸
的变化关系[168]

图 4-16　水泥砂浆轴向峰值强度随厚宽
比的变化关系[169]

(2)试样轴向端面的影响。在水合物三轴压缩试验中,试样端部平整,且摩擦很小,而在本节简化胶结接触模型中,水合物与颗粒的胶结接触面是圆弧状。

考虑到上述影响因素,本节将对由式(4-30)、式(4-31)计算得到的水合物抗压、抗拉强度进行修正。笔者通过试验研究了二维水泥胶结接触力学特性,其中,胶结厚度为 0.6 mm,试样尺寸为 3 mm×50 mm×0.6 mm,研究发现,水泥胶结接触抗压强度为 145 MPa,约为棱柱形水泥试样强度(50 MPa)的 3 倍。根据简单类比,将纯水合物三轴试验测得的抗压强度[式(4-18)]乘以 3 以反映上述因素的影响。由于宏观试样抗拉强度对尺寸变化不敏感,因此,出于简化不再考虑强度调整。

4.2.2　考虑温压状态的水合物胶结刚度确定方法

本节首先介绍水合物胶结刚度的计算方法,然后介绍水合物模量(水合物胶结刚度公式中的关键参量)的确定方法。决定胶结刚度的另一因素胶结尺寸将在 4.3 节介绍。

1. 胶结刚度计算方法

水合物胶结法向刚度与水合物模量、胶结尺寸有关,计算示意图如图 4-17 所示。

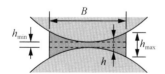

图 4-17　接触刚度计算示意图

假定水合物为沿宽度方向分布的弹簧单元,弹簧单元的长度为 h,与其位置相关,水合物的弹性模量为 E。将水合物分成厚度为 h_{min} 的矩形部分和最小厚度为 0、最大厚度为 $h_{max}-h_{min}$ 的两弧形区域包围的部分,两部分刚度分别为 $K_{n,1}^b$、$K_{n,2}^b$,则整体的胶结刚度可视为两部分刚度的串联:

$$K_n^b = \frac{K_{n,1}^b K_{n,2}^b}{K_{n,1}^b + K_{n,2}^b} \tag{4-32}$$

其中，

$$K_{n,1}^b = \frac{EB}{h_{\min}}, \quad K_{n,2}^b = \int_{-B/2}^{B/2} \frac{E}{h - h_{\min}} \mathrm{d}B \tag{4-33}$$

当 $h_{\min} = 0$ 时，式(4-33)存在奇异，可采用以下简化计算方法：对 $K_{n,1}^b$，可通过限制其最大值的方式处理；对 $K_{n,2}^b$，自两颗粒中心连线向外每间隔 0.1 倍的颗粒平均半径对水合物胶结划分条带，将积分转变为多项式求和，如图 4-18 所示，拟合 $K_{n,2}^b$ 得到如下表达式：

$$\frac{K_{n,2}^b}{E} = 24.14 - 3.44 \exp[-2.87(h_{\max} - h_{\min})/\bar{R}] -$$

$$7.95 \exp[-17.19(h_{\max} - h_{\min})/\bar{R}] \tag{4-34}$$

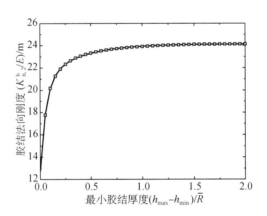

图 4-18 水合物胶结法向刚度与最小胶结
厚度的关系

图 4-19(a)给出了不同最小胶结厚度下的法向刚度结果，其中 $B = 0.5\bar{R}$。对比图 4-19(a)与图 4-19(b)、(c)可以发现，式(4-32)的分析结果与室内水泥和环氧树脂胶结材料的试验结果在规律上较为一致。

根据已有离散元的惯常方法，胶结切向刚度可表达为：

$$K_s^b = \frac{K_n^b}{1.5} \tag{4-35}$$

胶结弯转刚度可表达为[157]：

$$K_m^b = \frac{K_n^b B^2}{12} = \frac{K_n^b (\beta^b \bar{R})^2}{12} \tag{4-36}$$

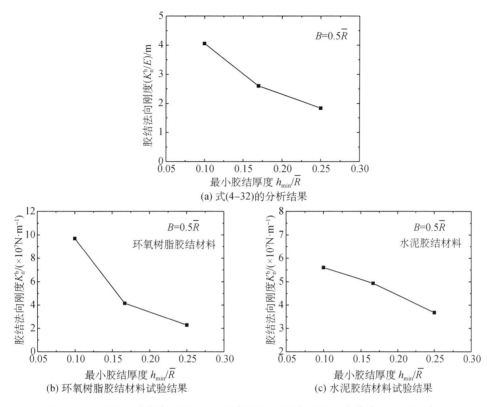

(a) 式(4-32)的分析结果

(b) 环氧树脂胶结材料试验结果

(c) 水泥胶结材料试验结果

图 4-19　相同胶结宽度、不同最小厚度下法向刚度的理论计算结果与试验结果

2. 水合物弹性模量确定方法

由于水合物弹性模量 E 与其所处温压环境有关[36-40,57]，故胶结法向［式(4-32)］、切向［式(4-35)］及弯转向［式(4-36)］刚度也与温压环境密切相关。以下将基于已有试验资料总结不同温压环境下的水合物弹性模量确定方法。考虑到水合物在通常条件下表现为脆性力学性质，因此取其三轴剪切试验应力-应变关系的初始切线模量作为其弹性模量。绘制已有试验资料中水合物弹性模量与相应的温压参数的关系，如图 4-20 所示。

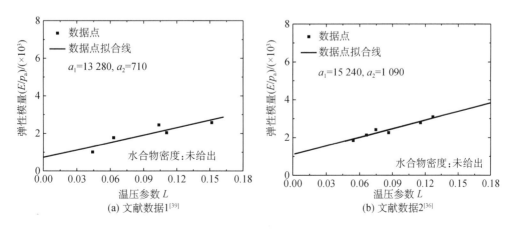

(a) 文献数据1[39]

(b) 文献数据2[36]

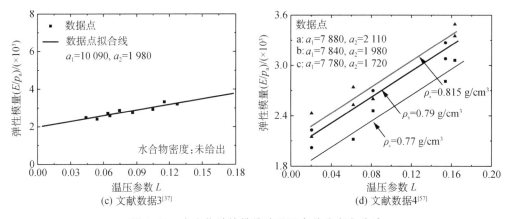

图 4-20　水合物弹性模量随温压参数的变化关系

由图 4-20 可知,水合物弹性模量 E/p_a 随温压参数 L 的增大基本呈线性增大规律,可表达为:

$$\frac{E}{p_a} = a_1 L + a_2 \tag{4-37}$$

式中,a_1、a_2 分别为拟合直线的斜率及纵截距。

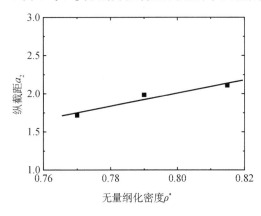

图 4-21　纵截距随水合物密度的变化关系

下面以 Hyodo 等[57]的试验结果为例,讨论水合物密度对弹性模量的影响。图 4-20(d)给出了不同水合物密度条件下 E/p_a 随 L 的变化关系。由图可知,E/p_a 随 L 的增长率与水合物密度无关。将图 4-20(d)中不同密度下的纵截距随水合物密度的变化关系汇总到图 4-21 中,从图中可见,纵截距随水合物密度的增大而基本呈线性增大规律,因而式(4-37)中 a_2 可表达为水合物密度的线性函数。综上所述,通过最优化拟合可求得:

$$\frac{E}{p_a} = \begin{cases} 7\,840L(T^*,\ P^*) + 8\,620\rho^* - 4\,890, & L > 0 \\ 0, & L \leqslant 0 \end{cases} \tag{4-38}$$

将水合物常见密度(0.8 g/cm³)代入式(4-38)中,可得到水合物弹性模量与温度、压强状态关系的空间包络面,如图 4-22 所示。从图中可见,已有试验所得的水合物弹性模量基本位于该空间包络面附近。

下面讨论水合物弹性模量的尺寸效应。Malaikah[170]针对直径×高度分别为 100 mm×200 mm、150 mm×300 mm 的水泥混凝土试样进行压缩试验,结果表明,两组试样的弹性模量的偏差仅约为 6%。Abdulla 等[169]针对直径 100 mm、不同高度(高径比分别为 0.75,1.0,1.5,1.875)的胶结砂试样进行压缩试验,结果表明,不同高径比条件下

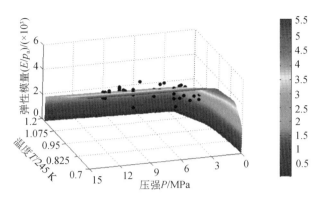

图 4-22　水合物弹性模量空间包络面

试样的弹性模量相差不大。笔者认为,弹性模量是材料在弹性阶段表现出的力学性质,主要取决于材料自身的属性,受尺寸影响较小,故本书不考虑水合物材料弹性模量随胶结尺寸的变化关系。

4.3　基于水合物饱和度的胶结物几何参数确定方法

水合物胶结接触模型中的胶结强度、刚度均与水合物的几何尺寸密切相关,而水合物几何尺寸又由深海能源土中水合物的分布方式、饱和度等因素决定。本节将讨论基于水合物饱和度的胶结物几何参数确定方法。尽管二维离散元模拟中水合物饱和度与真实三维情况有所差异,但二者在水合物饱和度与胶结物几何参数的关系方面仍具有相似性。

4.3.1　临界胶结尺寸的确定

图 4-23 给出了深海能源土(水合物饱和度为 30% 和 50%)的微观 SEM 扫描图[62]。可以发现,在同一试样的不同接触处水合物胶结厚度不同,且水合物胶结厚度对于不同饱和度的试样也存在明显差异。本小节将分析水合物的微观胶结尺寸与其饱和度的关系。

(a) 水合物饱和度30%

(b) 水合物饱和度50%

图 4-23　深海能源土微观 SEM 扫描图[62]

分析图 4-23 可知,针对特定水合物饱和度的试样,颗粒间接触处的水合物胶结厚度不会超过某一特定值(定义为临界胶结厚度 h_{cr})。若土颗粒的最小间距大于该临界胶结厚度,则不形成水合物胶结。如图 4-24 所示,对于组成胶结接触的两个圆形颗粒而言,当颗粒间最小距离 h_{min} 已知时,在给定水合物面积的条件下,可根据几何关系唯一确定临界胶结厚度 h_{cr} 与水合物胶结宽度 B 之间的关系,即水合物面积与临界胶结厚度具有唯一关系。

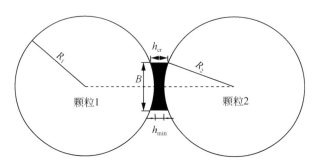

图 4-24　颗粒间接触水合物胶结简化图

对于整个试样而言,也应存在水合物饱和度与临界胶结厚度的唯一关系。为研究深海能源土在不同水合物饱和度下的微观胶结尺寸,对深海能源土微观结构图进行分析,以求得水合物临界胶结厚度与水合物饱和度的关系 h_{cr}-S_{MH}。此部分采用的图像分别来自 Hyodo 等[62]的 30%、50%水合物饱和度砂样及 Jin 等[171]的 86.3%水合物饱和度砂样的 SEM 图像。图 4-25 给出了二者净砂样的颗粒级配曲线。Hyodo 等[62]的净砂样颗粒粒径分布在 0.09～0.4 mm 之间,中值粒径 d_{50} 为 0.2 mm,属于细砂;Jin 等[171]的净砂样颗粒粒径分布在 0.01～1 mm 之间,中值粒径 d_{50} 为 0.32 mm,属于中细砂。虽然二者的颗粒级配并不一致,但均不含黏粒,同属中细净砂。因此,可认为在这两种净砂样中形成的水合物形式基本不受颗粒级配细微差异的影响。此外,二者净砂样的孔隙率均为 40%。因此,笔者认为将两份资料的临界胶结厚度 h_{cr} 进行统一整理分析是合理的。但由于二者平均粒径不同,故将各水合物饱和度对应的临界胶结厚度除以平均粒径进行归一化处理。

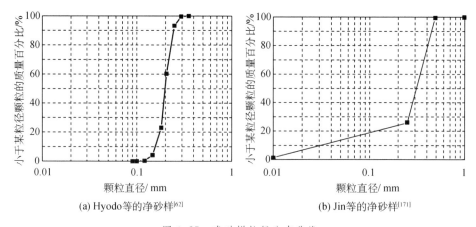

(a) Hyodo等的净砂样[62]　　　　　　(b) Jin等的净砂样[171]

图 4-25　净砂样粒径分布曲线

图 4-26 是 Hyodo 等[62]的能源土微观 SEM 图像。水合物饱和度为 50％时,水合物包裹了颗粒表面及颗粒间接触部分,各颗粒的轮廓很难分辨清楚。笔者运用"轮廓平移覆盖"的思想获得水合物胶结尺寸信息。具体做法如下:①描绘出无水合物试样中主要颗粒的轮廓;②将描绘出的轮廓叠加到水合物饱和度为 50％的砂样中相同位置处,量出颗粒间形成水合物的最大厚度;③根据图中所示比例尺,将从图中测量的厚度换算成实际尺寸。图 4-26(b)中所标示的颗粒间接触水合物最大厚度如表 4-1 所示。为减小人工测量误差,取平均值 15.6 μm 作为水合物饱和度为 50％时试样中水合物的临界胶结厚度 h_{cr}。同样,从 Hoydo 等[62]的水合物饱和度为 30％的砂样的 SEM 图像(图 4-27)中选取颗粒间胶结水合物较为清晰的接触点进行测量,并将测量值与真实值列于表 4-2。取平均值 8.13 μm 作为水合物饱和度为 30％的砂样的临界胶结厚度。

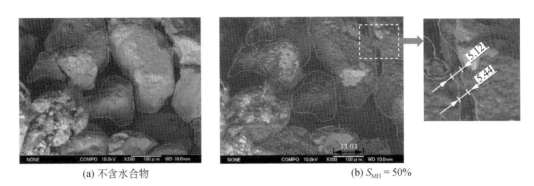

(a) 不含水合物   (b) S_{MH} = 50％

图 4-26　Hyodo 等[62]的能源土 SEM 图像

表 4-1　　　　　　　　S_{MH}＝50％时试样中各接触处水合物最大厚度

图中大小/像素	5.64	5.17	5.16	5.02	5.55	5.17	5.44	5.12
实际大小/μm	16.7	15.3	15.3	14.8	16.4	15.3	16.1	15.1

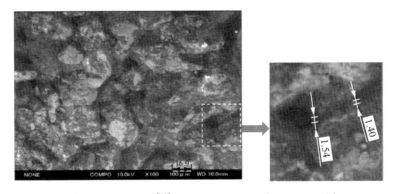

图 4-27　Hyodo 等[62]的能源土 SEM 图像(S_{MH}＝30％)

表4-2					$S_{MH}=30\%$时试样中各接触处水合物最大厚度							
图中大小/像素	1.33	1.43	1.40	1.39	1.28	1.34	1.44	1.32	1.31	1.31	1.40	1.54
实际大小/μm	7.87	8.46	8.28	8.23	7.57	7.93	8.52	7.81	7.75	7.75	8.28	9.11

Jin 等[171]的试样 CT 扫描图像如图 4-28(a)所示,其中,亮色为土颗粒,灰色为水合物,暗色为空孔隙。水合物临界胶结厚度测量方法如下:首先,用 CAD 软件将土颗粒及孔隙的轮廓分别用深色线及浅色线绘出,如图 4-28(b)所示;其次,统计颗粒总面积、空孔隙总面积及试样总面积(外圆圈面积),可计算出水合物饱和度为 86.3%(此处以二维面积比近似表征三维体积比)。水合物临界胶结厚度取 30.7 μm。图 4-29 给出了归一化临界胶结厚度 h_{cr}/d_{50} 随水合物饱和度 S_{MH} 的变化关系。由图可知,随水合物饱和度增大,归一化临界胶结厚度逐渐增加,但增加的趋势逐渐变缓。

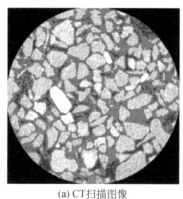

(a) CT扫描图像   (b) 颗粒与水合物轮廓

图 4-28　Jin 等[171]的砂样微观图

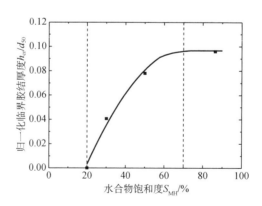

图 4-29　归一化临界胶结厚度 h_{cr}/d_{50} 与水合物饱和度 S_{MH} 的关系

值得注意的是,图中水合物饱和度 20%对应的胶结临界厚度为 0。已有研究表明,在富气环境下制备含水合物沉积物试样过程中,水合物优先在颗粒表面形成。从 Hyodo 等[62]的两种水合物饱和度试样的 SEM 图像中可以看到,水合物主要附着在颗粒表面和颗粒间接触处,并未完全填充孔隙,这也从侧面验证了水合物优先在颗粒表面而不是孔隙中生成的结论。结合上述观测及各水合物饱和度试样的应力-应变关系曲线,笔者推测,当富气环境下形成的水合物饱和度小于20%时,水合物主要在颗粒表面形成,胶结作用并不明显,水合物的临界胶结厚度 $h_{cr}=0$。

综上,归一化临界胶结厚度 h_{cr}/d_{50} 与水合物饱和度 S_{MH} 的拟合公式如下:

$$\frac{h_{cr}}{d_{50}}=\begin{cases} 0, & S_{MH}\leqslant 20\% \\ -0.326\,8S_{MH}^2+0.487\,9S_{MH}-0.081\,5, & 20\%<S_{MH}\leqslant 70\% \\ 0.1, & S_{MH}>70\% \end{cases} \quad (4\text{-}39)$$

4.3.2　临界胶结厚度与水合物饱和度关系普适性的评价

水合物微观胶结尺寸不仅与水合物饱和度密切相关,同时取决于能源土中土颗粒骨料的级配及孔隙比。在4.3.1节图像分析中,所采用的净砂样级配与孔隙比不尽相同,所获取的临界胶结厚度与水合物饱和度关系(h_{cr}/d_{50}-S_{MH})的普适性无法评价。鉴于此,本节将采用离散元数值试样对其普适性进行定量评价。

在深海能源土试样的二维离散元模拟中,水合物饱和度 S_{MH} 定义为水合物面积占总孔隙面积的百分比,其与水合物临界胶结厚度 h_{cr} 的关系式可通过图4-30所示的几何关系进行求解。

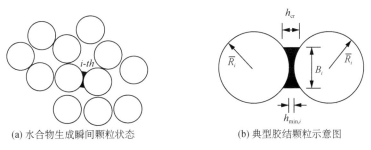

(a) 水合物生成瞬间颗粒状态　　　　(b) 典型胶结颗粒示意图

图 4-30　水合物饱和度计算示意图

针对第 i 个胶结接触,水合物胶结面积 $A_{b,i}$[图4-30(b)中黑色区域]可表示为:

$$A_{b,i}=h_{cr}B_i-2\bar{R}_i^2 \text{atan}\frac{B_i}{\sqrt{4\bar{R}_i^2-B_i^2}}+B_i\sqrt{\bar{R}_i^2-\left(\frac{B_i}{2}\right)^2} \quad (4\text{-}40)$$

式中,胶结宽度 B_i 可表示为:

$$B_i=\sqrt{4\bar{R}_i^2-(2\bar{R}_i+h_{min,i}-h_{cr})^2} \quad (4\text{-}41)$$

式中,$h_{min,i}$ 为第 i 个胶结接触处最小胶结厚度,为水合物生成瞬间两颗粒的最小间隙,如图4-30(a)所示。

在水合物生成瞬间,当任意颗粒接触所对应的最小间隙 $h_{min,i}$ 小于水合物生成的临界厚度 h_{cr} 时,该接触处可形成水合物胶结。假设某能源土试样中满足水合物生成条件的所有颗粒接触数目总和为 n，则在能源土试样中，水合物胶结总面积可表示为：

$$A_{\mathrm{MH1}} = \sum_{i=1}^{n} A_{\mathrm{b},i} \tag{4-42}$$

水合物在能源土试样中的主要存在形式包括胶结和填充两种形式，将填充形态的水合物面积记为 A_{MH0}，则水合物的总面积 A_{MH} 可表示为：

$$A_{\mathrm{MH}} = A_{\mathrm{MH0}} + A_{\mathrm{MH1}} \tag{4-43}$$

依据水合物饱和度 S_{MH} 的定义，其可表示为：

$$S_{\mathrm{MH}} = \frac{A_{\mathrm{MH1}} + A_{\mathrm{MH0}}}{A_{\mathrm{v}}} = \frac{1+e}{eA_{\mathrm{S}}} A_{\mathrm{MH1}} + S_{\mathrm{MH0}} \tag{4-44}$$

式中，e 为数值试样的平面孔隙比；A_{S} 为试样的总面积；S_{MH0} 为以孔隙填充形式存在的水合物饱和度。

将式(4-40)、式(4-42)代入式(4-44)，可得到水合物胶结部分的饱和度 $S_{\mathrm{MH}} - S_{\mathrm{MH0}}$ 与临界胶结厚度 h_{cr} 的关系式：

$$S_{\mathrm{MH}} - S_{\mathrm{MH0}} = \frac{1+e}{eA_{\mathrm{S}}} \sum_{i=1}^{n} \left[h_{\mathrm{cr}}B_i - 2\bar{R}_i^2 \mathrm{atan} \frac{B_i}{\sqrt{4\bar{R}_i^2 - B_i^2}} + B_i \sqrt{\bar{R}_i^2 - \left(\frac{B_i}{2}\right)^2} \right] \tag{4-45}$$

式中，$\bar{R}_i$ 取决于能源土中砂土骨架的颗粒级配；e 取决于净砂样在水合物生成瞬间的松密程度；B_i[由式(4-41)描述]中的 $h_{\mathrm{min},i}$ 与砂土骨架颗粒级配及其在水合物生成瞬间的松密程度相关。

现以本书惯常采用的理想二维净砂样为例（粒径 6～9 mm，平面孔隙比 e 分别为 0.22，0.24，0.26，共 10 种颗粒直径，分别为 6.0，6.8，7.2，7.4，7.6，7.8，8.0，8.2，8.4，9.0 mm，质量百分数均为 10%，中值粒径为 7.6 mm，不均匀系数为 1.3），对归一化临界胶结厚度 h_{cr}/d_{50} 与胶结饱和度 $S_{\mathrm{MH}} - S_{\mathrm{MH0}}$ 的关系进行分析，如图 4-31(a)所示。从图中可以发现，不同孔隙比下的归一化临界胶结厚度 h_{cr}/d_{50} 均随胶结饱和度 $S_{\mathrm{MH}} - S_{\mathrm{MH0}}$ 的增大而逐渐增大；相同胶结饱和度下的归一化临界胶结厚度 h_{cr}/d_{50} 随孔隙比 e 的增大而

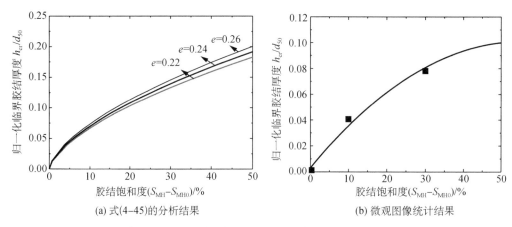

(a) 式(4-45)的分析结果　　　　(b) 微观图像统计结果

图 4-31　归一化临界胶结厚度 h_{cr}/d_{50} 与胶结饱和度 $S_{\mathrm{MH}} - S_{\mathrm{MH0}}$ 的关系

逐渐增大。为了对比,图 4-31(b)给出了通过微观图像统计所获取的(h_{cr}/d_{50})-$(S_{MH} - S_{MH0})$关系曲线,与基于离散元净砂样所获取的关系曲线在规律上较为相似。综上所述,式(4-39)具有一定的普适性。

4.4 水合物胶结接触模型的动力推广

4.4.1 动力模型概述

深海能源土所处工程条件复杂,既有静力荷载作用,也有波浪、地震等导致的动力荷载作用。深海能源土的动力接触模型是在静力接触模型基础上,引入水合物胶结强度的率相关性和水合物胶结的黏滞阻尼特性而得到的。水合物材料本身的力学特性具有明显的率相关性,进而使得水合物胶结接触强度也具有率相关性。本节将首先归纳不同加载速率下的水合物强度试验成果,据此总结能表征率相关性的水合物强度公式,然后讨论水合物胶结接触的阻尼耗能问题。

4.4.2 考虑率相关性的水合物胶结强度及其参数确定

纯水合物峰值剪切强度的率相关性在不同试验速率条件下的三轴压缩试验中均有不同程度的体现,试验结果总结在表 4-3 中,加载应变率变化范围为 0.1%/min～2%/min。

Nabeshima 等[38]发现水合物强度与应变率在半对数坐标系下呈线性关系,如图 4-32 所示。对这些数据进行拟合得到如下关系式:

$$q_{max, c} = q_{max, c} \mid_{1\%/min} + \xi \lg \dot{\varepsilon}_1 \tag{4-46}$$

式中,$\dot{\varepsilon}_1$ 为轴向加载应变率($\% \cdot min^{-1}$);$q_{max, c} \mid_{1\%/min}$ 表示应变率为 1%/min 时的峰值强度(MPa),其大小取决于纯水合物所处的温压环境以及水合物密度,具体函数形式确定见 4.2 节;ξ 为水合物强度的率相关系数,是半对数坐标系下线性关系的斜率,与水合物所处温压状态相关,其拟合关系如下:

$$\xi = -3.32 P^* (T^* - 1.1) \tag{4-47}$$

式中,无量纲压强 $P^* = P/1\ MPa$;无量纲温度 $T^* = T/245\ K$。

表 4-3 不同应变率情况下水合物的三轴压缩强度[11-13,15]

$\dot{\varepsilon}_1$ /(% · min⁻¹)	P/MPa	T/℃	$q_{max, c}$ /MPa	$\dot{\varepsilon}_1$ /(% · min⁻¹)	P/MPa	T/℃	$q_{max, c}$ /MPa
文献[36] 试样高度=75 mm,试样直径=50 mm				文献[40] 试样高度=30 mm,试样直径=15 mm			
0.133	5	−5	2.57	0.1	8	−30	6.87
1.33	5	−5	3.43	1	8	−30	9.12
0.133	10	−5	2.76	0.1	4	−30	5.19
1.33	10	−5	4.03	1	4	−30	6.48

$\dot{\varepsilon}_1$ /(%·min⁻¹)	P/MPa	T/℃	$q_{max,c}$ /MPa	$\dot{\varepsilon}_1$ /(%·min⁻¹)	P/MPa	T/℃	$q_{max,c}$ /MPa
文献[38]（未给出试样尺寸）				文献[37] 试样高度=30 mm,试样直径=15 mm			
0.1	6	−30	5.81	0.15	5	−5	2.54
0.5	6	−30	8.65	1.5	5	−5	3.40
1	6	−30	10.54	0.15	10	−5	2.75
2	6	−30	12.43	1.5	10	−5	3.92

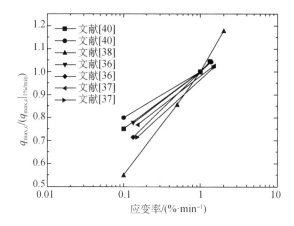

图 4-32 纯水合物三轴压缩试验峰值强度的率相关性效应[36-38,40]

从式(4-46)的形式可以看出,考虑率相关性的水合物强度可以分解为两项:第一项为应变率在 1%/min 情况下的强度,第二项为带有应变率的修正项。根据上述水合物强度的率相关性,可由式(4-16)—式(4-21)方便地得到水合物胶结强度的率相关性。

4.4.3　水合物胶结接触的阻尼耗能模型

水合物胶结接触的阻尼耗能模型包括水合物胶结和颗粒接触两部分的阻尼耗能模型,现分述如下。

1. 水合物胶结的阻尼耗能模型

胶结模型在三个方向上的黏滞阻力为:

$$F_n^d = B\xi(u_n - u_{n0})^{0.25}\lg\frac{2\dot{u}_n}{h_{min} + h_{max}} \tag{4-48}$$

$$F_s^d = \xi\lg\frac{\dot{u}_s^b}{B} \cdot \frac{h_{min} + h_{max}}{2} \tag{4-49}$$

$$M_r^d = \frac{1}{12}B^3\xi\lg\frac{2\dot{\theta}_r^b B}{h_{min} + h_{max}} \tag{4-50}$$

式中，$\dot{u}_n$ 为接触处法向压缩速率；$\dot{u}_s^b$ 为胶结接触处相对剪切速率；$\dot{\theta}_r^b$ 为接触处相对弯转角速度；u_{n0} 为胶结形成时接触处法向重叠量；$(u_n - u_{n0})^{0.25}$ 中的系数 0.25 是根据 Tsuji 等[172]在 1992 年提出的法向线性黏弹性接触模型[173]确定的，其形式与其他学者提出的法向黏弹性接触模型[137,174]类似。等号右侧对数项中表达式单位取 %/min。

2. 颗粒接触的阻尼耗能模型

水合物生成前的颗粒接触模型和水合物生成后的胶结接触模型中的颗粒接触部分均采用颗粒间抗转动接触模型。为考虑法向加卸载耗能，抗转动模型中的法向接触模型采用线性滞回接触模型（即加卸载刚度不同），如图 4-33 所示，以此考虑颗粒在动荷载作用下碰撞产生的塑性变形耗散能；而切向和转动向不考虑滞回接触模型。加卸载刚度比 $s_p = K_n^p / K_{un}^p$，是模型的输入参数。

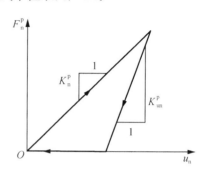

K_n^p—颗粒接触的加载刚度；K_{un}^p—颗粒接触的卸载刚度。

图 4-33　法向线性滞回接触模型

颗粒接触采用线性黏滞力模型反映接触阻尼效应：

$$F_n^d = c_n \dot{u}_n \tag{4-51}$$

$$F_s^d = c_s \dot{u}_s^p \tag{4-52}$$

$$M_r^d = c_r \dot{\theta}_r^p \tag{4-53}$$

式中，c_n、c_s、c_r 分别为颗粒接触法向、切向和转动向的黏滞阻尼系数，其表达式如下：

$$c_n = r_n c_n^{cr}, \quad c_s = r_s c_s^{cr}, \quad c_r = \frac{c_n (\bar{R} \beta^p)^2}{12} \tag{4-54}$$

式中，r_n、r_s 分别为颗粒接触法向和切向的阻尼比，在实际的数值计算中可以取值 $r_s = r_n$[173]；c_n^{cr}、c_s^{cr} 分别为法向、切向的临界阻尼系数，与振动体系的质量和刚度有关：

$$c_n^{cr} = 2\sqrt{mK_n^p}, \quad c_s^{cr} = 2\sqrt{mK_s^p} \tag{4-55}$$

式中，m 为两个接触颗粒的平均质量：

$$m = \frac{m_1 m_2}{m_1 + m_2} \tag{4-56}$$

式中，m_1、m_2 分别为两个接触颗粒的质量。

综上所述，反映颗粒接触能量耗散的两个参数需要进一步确定：加卸载刚度比 s_p 和法向黏滞阻尼系数 c_n。加卸载刚度比 s_p 可以根据 Thornton 等提出的理论公式[137]以及类似材料制成的颗粒的下落试验结果[174]取值，一般在 0.25～0.9 之间取值。法向黏滞力系数 c_n 可由阻尼比 r_n 根据式(4-54)确定，而 r_n 按以下方法估计：

$$r_n = \frac{\ln e_r}{\sqrt{(\ln e_r)^2 + \pi^2}} \tag{4-57}$$

式中，e_r为碰撞恢复系数，定义为两颗粒碰撞后与碰撞前相对速度的比值。

4.5　本章小结

本章以水合物胶结接触模型为例介绍了微观接触力学特性的研究成果，讨论了微观接触模型开发的一般思路与方法。本章提出的水合物胶结接触模型具有以下特点：①考虑了深海能源土中水合物的形成过程，分别对应于水合物生成时两相邻颗粒已接触和未接触两种情形，区分了两种胶结模式的接触力学响应，使得胶结接触模型与实际情况更为相符；②考虑了胶结物的残余抗剪强度与抗弯强度；③通过温压参数描述了温度和压强对水合物材料强度及模拟的影响，反映了温压状态对水合物胶结接触特性的影响；④基于深海能源土微观结构图像，推导了水合物胶结尺寸与水合物饱和度的定量关系；⑤引入水合物强度的率相关性和接触阻尼，使得模型能够描述动力接触响应。

本章水合物胶结接触模型开发的关键是将对宏观力学特性起控制作用的因素全面、合理地体现在接触模型中。这一思路可为其他岩土体的微观接触模型开发提供指导。

5　常规加载条件下胶结型深海能源土宏微观力学特性

本章通过离散元数值模拟，着重分析了胶结型深海能源土的宏微观力学特性，对温压环境、水合物饱和度等关键因素如何影响宏观力学特性进行了规律探索，并对单元试验中常观察到的应变局部化（剪切带）现象进行了模拟分析，揭示了土体剪切带内外完全不同的力学响应规律。本章内容是对第4章深海能源土胶结接触模型的具体应用。值得注意的是，本章离散元模拟均为二维情况，即将土颗粒简化为平面圆形，这与颗粒的三维形态差别很大，进而导致二维和三维情况下水合物饱和度的量值有所不同。然而，模拟表明，二维离散元模拟仍能很好地反映深海能源土的力学特性，特别是力学特性随温压条件、水合物饱和度的变化规律。

5.1　深海能源土力学特性的温压状态依赖性

在深海能源土室内试验中，需对试样施加一定的温度和反压以还原土体的深海环境。Miyazaki 等[60]、Hyodo 等[62]基于人工制备的深海能源土三轴试验表明，反压和温度对深海能源土力学特性有一定的影响。

图 5-1 所示为两种代表性温压加载路径，路径 3—4—7 与 3—5—6 分别以点 3 为基础，逐渐降低反压或升高温度以模拟水合物开采中的降压法或升温法。Hyodo 等[62]的三轴试验结果如图 5-2（a）、（b）所示，反压由点 3 降至点 7 或温度由点 3 升至点 6，深海能源土的强度、模量均逐渐减小，体变由剪胀转为剪缩。图 5-2（c）、（d）表明，深海能源土强度、模量与温压参数具有较好的线性关系。

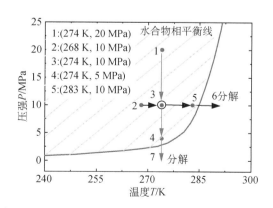

图 5-1　两种代表性温压加载路径

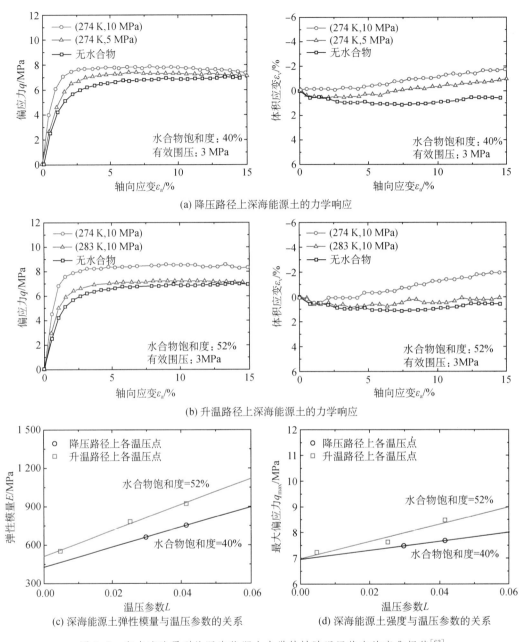

(a) 降压路径上深海能源土的力学响应

(b) 升温路径上深海能源土的力学响应

(c) 深海能源土弹性模量与温压参数的关系

(d) 深海能源土强度与温压参数的关系

图 5-2　室内试验得到的深海能源土力学特性随温压状态的变化规律[62]

　　反压在常规土工试验中常被用于提高试样的饱和度,一般称为"反压饱和法"。已有常规试验资料均表明反压不影响土体的宏观力学特性。然而,上述深海能源土的力学特性试验结果却与常规认识不一致。本章将对深海能源土剪切试验进行离散元数值模拟,揭示其力学特性的温压状态依赖性微观机理。

5.2 深海能源土双轴剪切试验模拟方法

温压状态对深海能源土力学特性的影响主要源于土体内部水合物力学特性随温压状态的变化。采用第 4 章提出的胶结接触模型,深海能源土宏观力学特性受温压状态和饱和度影响的微观机理可通过离散元数值模拟加以揭示。本节将介绍深海能源土双轴剪切试验模拟方法。

5.2.1 双轴剪切试验数值模拟步骤

本节双轴剪切数值试样参数的确定及离散元双轴试验过程依据 Hyodo 等[62] 的室内三轴试验步骤进行,如表 5-1 所示。

表 5-1 室内试验步骤和离散元模拟步骤

步骤编号	室内试验步骤	离散元模拟步骤
1	制备具有一定密实度的净砂试样	采用分层欠压法生成净砂试样
2	在反压 4 MPa、有效围压 0.2 MPa、温度 1℃ 的环境下,向试样内充入天然气以形成具有一定饱和度的水合物	将数值试样在 0.2 MPa 有效围压下平衡,并对数值试样中满足水合物生成条件的颗粒间接触(包括未实际接触的虚拟接触)施加水合物胶结
3	改变试样反压与温度环境,形成特定温压状态下的能源土试样,并保持温压状态不变,在目标有效围压下固结稳定	将有效围压由 0.2 MPa 逐渐升高到目标值,依据试验温压状态赋值胶结参数,以反映水合物胶结在相应温压状态下的力学特性,平衡试样
4	保持温压环境恒定,以 0.1%/min 的轴向应变速率对所生成的试样进行排水剪切试验	在目标有效围压下,以 5%/min 的准静态应变速率加载数值试样直至破坏,加载过程中监测数值试样的宏微观力学响应

5.2.2 接触模型参数确定

第 4 章介绍的接触模型参数包括颗粒接触参数与胶结接触参数,以下分别介绍这两部分参数的确定方法。

1. 颗粒接触参数

本节采用的级配共分为 10 种颗粒直径,相应的颗粒级配曲线如图 5-3 所示,中值粒径为 7.6 mm,不均匀系数 $C_u=1.3$,图中同时给出了 Hyodo 等[62] 在试验中所采用砂样的颗粒级配曲线。

依据 Hyodo 等[62] 的室内试验中净砂的宏观力学响应标定数值试样中的颗粒接触参数,参数标定原则为控制力学响应(应力-应变、体变响应)与试验结果定性一致,并尽可能使宏观力学指标与试验结果较为接近。其中,关键参数是颗粒间摩擦系数 μ^p 和抗转动系数 β^p。经过大量试算,确定参数为 $\mu^p=0.5$,$\beta^p=0.5$,其余参数列于表 5-2 中。数值模拟的双轴剪切力学响应与室内试验结果对比如图 5-4 所示。室内试验中净砂样的强度参数为 $c=0.5$ MPa,$\varphi=28°$[62],离散元模拟的颗粒材料强度参数为 $c=0$ MPa,$\varphi=23°$。

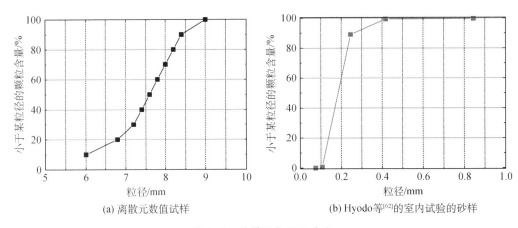

(a) 离散元数值试样　　　　　　　　　(b) Hyodo等[62]的室内试验的砂样

图 5-3　砂样颗粒级配曲线

表 5-2　　　　　　　　离散元模拟深海能源土试样基本参数

试样制备阶段参数（分层欠压法）			
颗粒法向刚度	1.5×10^{10} N/m	颗粒切向刚度	1.0×10^{10} N/m
颗粒间摩擦系数	1.0	颗粒与边界摩擦系数	0.0
颗粒与边界接触刚度	1.5×10^{10} N/m		
水合物形成前初始固结阶段（0.2 MPa）参数			
颗粒法向刚度	6×10^{8} N/m	颗粒切向刚度	4×10^{8} N/m
颗粒间摩擦系数	0.5	颗粒间抗转动系数	0.5
颗粒与边界摩擦系数	0	颗粒与边界接触刚度	6×10^{8} N/m
试样加载阶段参数			
（1）模型输入参数			
颗粒法向刚度	6.0×10^{8} N/m	颗粒切向刚度	4.0×10^{8} N/m
颗粒间摩擦系数	0.5	颗粒间抗转动系数	0.5
胶结接触间摩擦系数	0.5	胶结残余抗压参数	0
（2）边界接触参数			
颗粒与边界摩擦系数	0	颗粒与边界接触刚度	6.0×10^{8} N/m

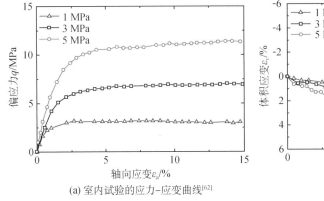

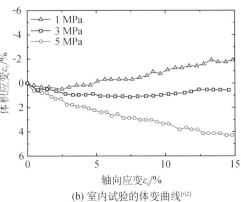

(a) 室内试验的应力-应变曲线[61]　　　　　　　(b) 室内试验的体变曲线[61]

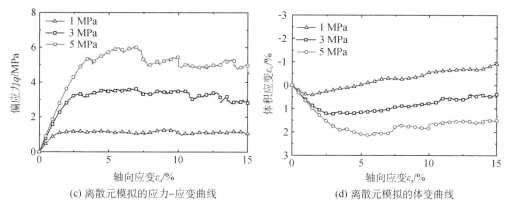

(c) 离散元模拟的应力-应变曲线　　　　　(d) 离散元模拟的体变曲线

图 5-4　室内试验和离散元模拟的净砂样力学响应

2. 胶结接触参数

水合物胶结接触模型中的胶结参数与试样的温度、反压环境以及水合物饱和度有关，其中水合物饱和度与试样中水合物的微观胶结尺寸密切相关。在 Hyodo 等[62] 的室内试验中，降压、升温路径上各试样的水合物饱和度分别为 40% 和 52%，本节离散元模拟结果与此一致。

(1) 水合物胶结尺寸的确定

首先介绍给定水合物饱和度下水合物胶结尺寸的求解。如模拟步骤所描述，当净砂样在有效围压 0.2 MPa 下平衡时，水合物胶结形成于颗粒接触间（包括虚接触），在此状态下，可根据离散元试样中已知的平面孔隙比、颗粒级配以及颗粒间接触状态，通过式 (4-45) 计算出给定水合物饱和度下的临界胶结厚度 (h_{cr})。已有研究[29,175]表明，当水合物饱和度小于 20% 时，水合物主要以孔隙填充或覆于颗粒表面形式形成；而当水合物饱和度大于 20% 时，水合物开始以胶结为主的形式形成于颗粒接触间。在式 (4-45) 中，取孔隙填充部分的水合物饱和度 $S_{MH0} = 20\%$，水合物总饱和度 S_{MH} 为孔隙填充与胶结两部分之和。临界胶结厚度 h_{cr} 与水合物总饱和度 S_{MH} 的关系如图 5-5 所示。在模拟某饱和度下水合物胶结形成时，先由图 5-5 查得对应的临界胶结厚度；然后遍历所有潜在胶结位置（虚接触和实接触），对于某个潜在接触，若其间距小于临界胶结厚度 h_{cr}，则水合物胶结能形成，否则不形成水合物胶结。水合物宽度依据式 (4-41) 求解，这些胶结尺寸将参与接触模型中胶结强度与刚度的计算。

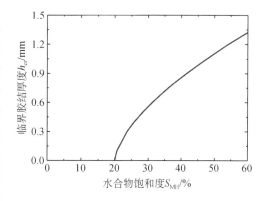

图 5-5　离散元试样的 h_{cr}-S_{MH} 关系

(2) 胶结强度与刚度的确定

结合前述所确定的水合物胶结尺寸可确定不同温压环境下胶结接触的强度与刚度。Hyodo 等[62] 对其室内试验中的胶结水合物密度预估为 0.9 g/cm³，该值将用于本节计算胶结强度。对于图 5-1 中各温压状态点,水合物峰值偏应力 $q_{max,c}$ 和 $q_{max,t}$ 可分别由式(4-30)、式(4-31)确定,进而试样中任意接触点的水合物胶结抗压和抗拉强度 R_{cb} 和 R_{tb} 可依据相应的胶结尺寸分别由式(4-16)、式(4-17)得到,相应的抗剪和抗弯胶结强度 R_{sb} 和 R_{rb} 由接触模型公式求解。同理,不同温压状态下的水合物弹性模量 E 可由式(4-38)求解,进而试样中任意接触点的水合物胶结法向刚度 K_n^b 依据相应的胶结尺寸由式(4-32)—式(4-34)求解,切向与弯转向刚度 K_s^b 和 K_m^b 分别由式(4-35)和式(4-36)求解。表 5-2 中列出了离散元双轴剪切试验模拟所需的模型输入参数。

以温度 274 K、水压 10 MPa、水合物饱和度 52% 为例,所生成的离散元双轴剪切试样如图 5-6 所示。试样采用刚性墙边界,宽度为 400 mm,高度为 800 mm,共包含颗粒数目 6 000,初始孔隙比为 0.25,颗粒密度为 2 600 kg/m³。在试样内部,各颗粒接触间的黑线表示水合物胶结,从图中可以发现,水合物胶结在空间上较为均匀地分布于试样内部。

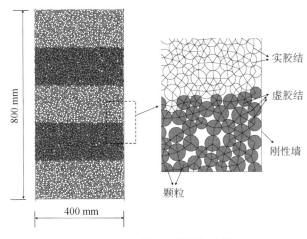

图 5-6 离散元双轴剪切试样

5.3 深海能源土宏观力学特性规律

5.3.1 温压环境对深海能源土力学特性的影响规律

本节首先探讨深海能源土主要宏观力学参数(强度、弹性模量、黏聚力、内摩擦角、剪胀角等)与所处温压环境的关系。模拟的五种温压状态分别为 A(283 K, 10 MPa)、B(274 K, 5 MPa)、C(274 K, 10 MPa)、D(268 K, 10 MPa)、E(268 K, 20 MPa),涵盖实际深海环境中能源土所处的主要温度、水压范围。由 A 到 E,所对应的温压状态点到水合物相平衡线的距离逐渐增大,相应的温压参数逐渐增大,水合物胶结强度与刚度逐渐增大。

1. 偏应力-轴向应变关系

以水合物饱和度 25% 的深海能源土试样为例,图 5-7 中给出了五种代表温压状态下,离散元双轴剪切试验得到的偏应力-轴向应变关系,偏应力定义为 $(\sigma_1 - \sigma_3)/2$。由图 5-7 可知,各温压状态下试样应力-应变关系呈现明显的应变软化特性。在相同的温压状态下,应变软化随有效围压的增大而有所减弱;在相同的有效围压下,应变软化特征随着试样所处温压状态逐渐远离水合物相平衡线而逐渐加强。

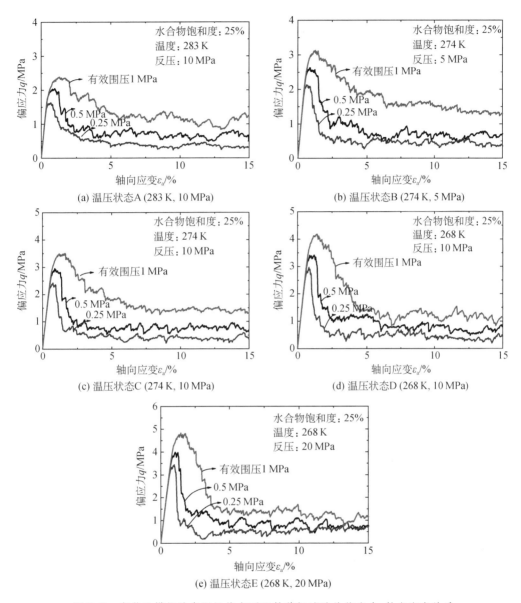

图 5-7　离散元模拟的各温压状态下双轴剪切试验的偏应力-轴向应变关系

由图 5-7 整理的各算例最大偏应力与温压参数的关系如图 5-8 所示。由图可知,在各有效围压下,最大偏应力 $q_p = (\sigma_1 - \sigma_3)_{max}/2$ 与温压参数 L 之间呈现出较好的线性关系,该规律与图 5-2(c)中的试验结果定性一致。q_p 与 L 的关系可拟合为:

$$\frac{q_p}{p_a} = a_1 + a_2 L \tag{5-1}$$

式中,a_1、a_2 为拟合参数。

基于图 5-7 中应力-应变关系所获取的土体割线模量 E_{50} 随温压参数 L 的变化关系如图 5-9 所示。割线模量与温压参数之间也有较好的线性关系，与图 5-2(d)中的试验结果定性一致。割线模量 E_{50} 与温压参数 L 的关系可拟合为：

$$\frac{E_{50}}{p_a} = a_1 + a_2 L \tag{5-2}$$

式中，a_1、a_2 为拟合参数。

式(5-1)、式(5-2)中拟合公式的价值在于，对某水合物饱和度的深海能源土试样，若已知其在任意两温压状态下的土体强度与割线模量，则其他温压状态下的土体强度和割线模量可由这两式求得。

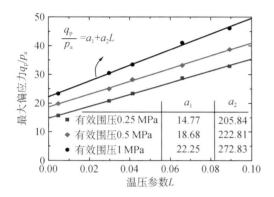

图 5-8　离散元模拟的试样最大偏应力与
温压参数的关系

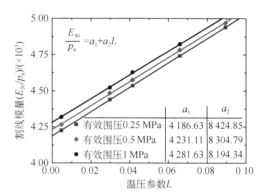

图 5-9　离散元模拟的试样割线模量与
温压参数的关系

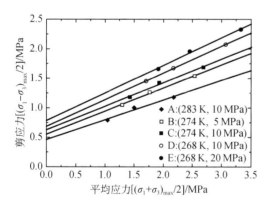

图 5-10　离散元模拟的各温压状态下试样
峰值强度包络线

2. 强度指标

图 5-10 给出了根据图 5-7 整理的各温压状态下试样的峰值强度包络线。由图可知，随着温压点由 A 变到 E，温压状态逐渐远离水合物相平衡线，试样强度包络线的纵截距与斜率也有一定程度的增大。根据图 5-10 中强度包络线获取的黏聚力 c 随温压参数 L 的变化关系如图 5-11 所示，二者可拟合为线性关系：

$$\frac{c}{p_a} = 4.68 + 45.78 L \tag{5-3}$$

根据图 5-10 中强度包络线获取的内摩擦角 φ 随温压参数 L 的变化关系如图 5-12 所示，二者关系可拟合为：

$$\varphi = -15.8° e^{-9.9L} + 34.6° \tag{5-4}$$

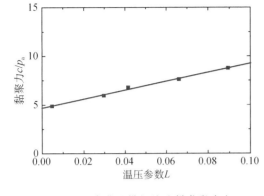

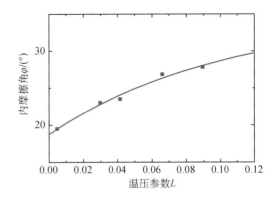

图 5-11　离散元模拟的试样黏聚力与　　　　　图 5-12　离散元模拟的试样内摩擦角与
温压参数的关系　　　　　　　　　　　　温压参数的关系

3. 体变响应与剪胀性

图 5-13 给出了五种代表温压状态下，离散元双轴剪切试验所获取的体变响应。由图可知，各温压状态下的试样体变呈现明显的先剪缩后剪胀的规律。在相同的温压状态下，剪胀性随有效围压的增大而逐渐减弱；在相同的有效围压下，剪胀性随试样所处温压状态远离水合物相平衡线而逐渐加强。

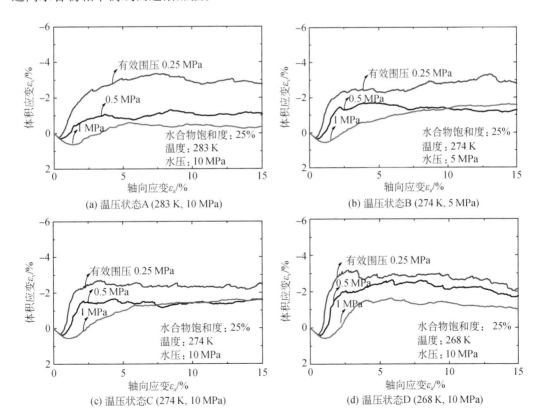

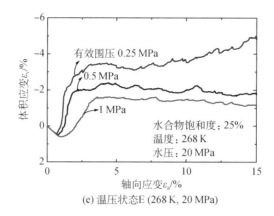

(e) 温压状态E (268 K, 20 MPa)

图 5-13 离散元模拟的各温压状态下试样双轴剪切试验的体变响应

图 5-14 给出了三种有效围压(0.25 MPa, 0.5 MPa, 1 MPa)下的剪胀角正弦值 $\sin\psi$ 与温压参数 L 的关系。本节的剪胀角根据 Roscoe[176] 提出的剪胀角定义计算:

$$\sin\psi = -\frac{\dot{\varepsilon}_1 + \dot{\varepsilon}_3}{\dot{\varepsilon}_1 - \dot{\varepsilon}_3} \tag{5-5}$$

式中,$\dot{\varepsilon}_1$、$\dot{\varepsilon}_3$ 分别为最大(轴向)和最小(侧向)主应变率。

由图 5-14 可知,在相同温压状态下,剪胀角正弦值 $\sin\psi$ 随有效围压的增大而相应地减小;在相同有效围压下,剪胀角正弦值 $\sin\psi$ 随温压参数 L 的增大而增大,但增大趋势逐渐变缓。在各有效围压下,剪胀角正弦值 $\sin\psi$ 随温压参数 L 的变化规律可表示为:

$$\sin\psi = (\sin\psi_{const} - \sin\psi_0)e^{a_1 L} + \sin\psi_{const} \tag{5-6}$$

式中,ψ_0 为净砂剪胀角;a_1、ψ_{const} 为拟合参数。

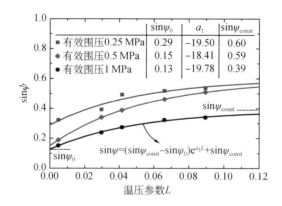

图 5-14 离散元模拟的试样剪胀角正弦值与温压参数的关系

5.3.2 水合物饱和度对深海能源土力学特性的影响规律

本节主要探讨深海能源土宏观力学规律受水合物饱和度的影响情况。

1. 偏应力-轴向应变关系

图 5-15 以有效围压 1 MPa 为代表给出了五种代表温压状态下,试样偏应力-轴向应变关系随水合物饱和度的变化规律。由图可知,在各温压状态下,随着水合物饱和度的增大,试样所呈现出的应变软化现象逐渐增强,应力-应变曲线峰值和初始段斜率均随试样中水合物饱和度的增大而逐渐增大。

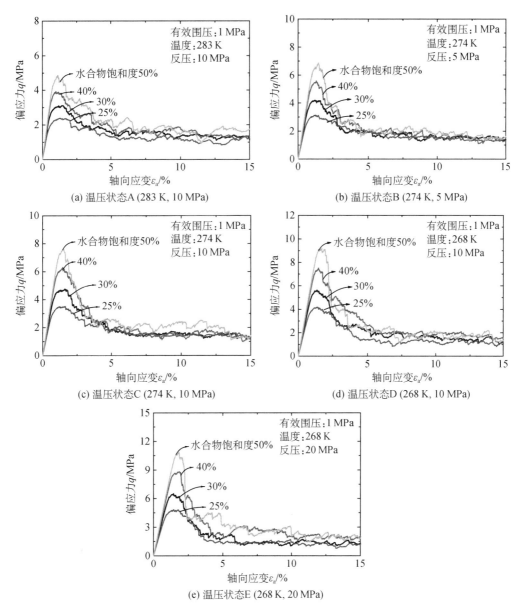

图 5-15 离散元模拟的不同水合物饱和度试样的应力-应变关系

各水合物饱和度下试样的最大偏应力随温压参数的变化关系如图 5-16 所示。从图中可以看到,各水合物饱和度下试样的最大偏应力随温压参数呈线性变化,表明式(5-1)对四种水合物饱和度均适用。不同饱和度下的拟合关系区别在于:线性增长斜率、纵截距随水合物饱和度的增大而增大。

图 5-17 给出了四种水合物饱和度试样的割线模量随温压参数的变化关系,二者呈较好的线性关系,可通过式(5-2)描述。

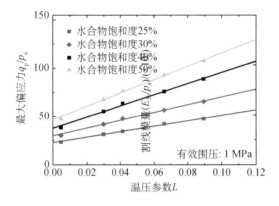
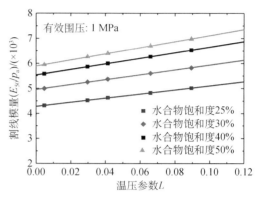

图 5-16　离散元模拟的不同水合物饱和度试样的
　　　　最大偏应力与温压参数的关系

图 5-17　离散元模拟的不同水合物饱和度试样的
　　　　割线模量与温压参数的关系

2. 强度指标

图 5-18 给出了四种水合物饱和度试样的黏聚力随温压参数的变化关系,从图中可以看到,在各水合物饱和度下,黏聚力随温压参数的变化规律相同,均可用式(5-3)描述。黏聚力随温压参数线性增长的斜率、纵截距均随水合物饱和度的增大而逐渐增大;高水合物饱和度试样的黏聚力对温压状态的变化较为敏感。

四种水合物饱和度试样的内摩擦角随温压参数的变化如图 5-19 所示。在各水合物饱和度下,内摩擦角均随温压参数的增大而逐渐增大,但增长速率逐渐变缓。图中同时给出了式(5-4)对四组数据的拟合曲线,可以看到,各水合物饱和度下的拟合效果均较好。不同水合物饱和度试样的内摩擦角数值及其随温压参数的变化规律的差异并不明显。已有胶结型能源土室内试验结果[59]也表明了内摩擦角的这个特性。

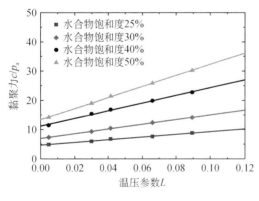
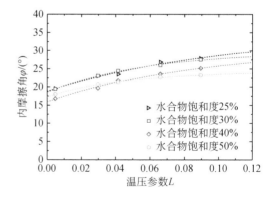

图 5-18　离散元模拟的不同水合物饱和度试样的
　　　　黏聚力与温压参数的关系

图 5-19　四种水合物饱和度试样的内摩擦角与
　　　　温压参数的关系

3. 体变响应与剪胀性

图 5-20 给出了五种代表温压状态下,试样体变响应随水合物饱和度(25%,30%,40%,50%)的变化关系。在各温压状态下,随着水合物饱和度的增大,试样的剪胀性均逐渐增强。

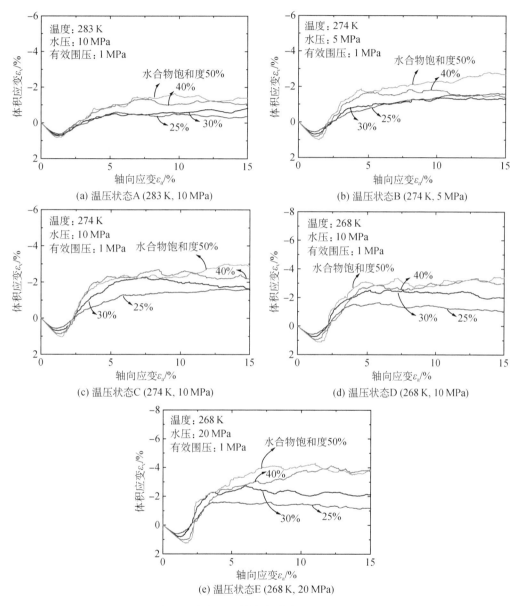

图 5-20　各温压状态下试样体变响应随水合物饱和度的变化

四种水合物饱和度试样(25%,30%,40%,50%)的剪胀角正弦值 $\sin\psi$ 随温压参数 L 的变化关系如图 5-21 所示。从图中可以看到,四种水合物饱和度试样的剪胀角正弦值 $\sin\psi$ 随温压参数 L 的变化规律相同:$\sin\psi$ 随 L 的增大而逐渐增大,增大速率逐渐变缓。四种水合物饱和度试样的剪胀角正弦值 $\sin\psi$ 与温压参数 L 的关系均可由式(5-6)描述。

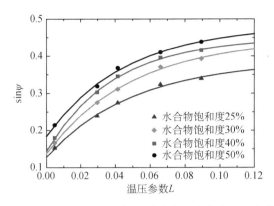

图 5-21　四种水合物饱和度试样的剪胀角正弦值与温压参数的关系

上述离散元模拟表明,不同饱和度深海能源土试样的主要力学参数(割线模量、黏聚力、内摩擦角、剪胀角)随温压状态的变化规律基本一致。上述拟合公式的价值在于,对于胶结型深海能源土试样,若通过室内试验或现场试验等手段获取了该试样在几种代表性温压状态和水合物饱和度条件下的土体力学参数,则其他温压状态及水合物饱和度下的土体力学参数可由式(5-1)—式(5-4)及式(5-6)进行初步推测。

5.3.3　深海能源土力学特性沿水合物分解路径的变化规律

图 5-1 给出了本节双轴剪切试验中所考察的两种温压路径,路径 1—3—4—7 保持温度不变,通过降低压强而逐渐达到水合物相平衡线,路径 2—3—5—6 保持压强不变,通过升高温度而逐渐达到相平衡线。对于点 3,4,5,Hyodo 等[62]已在相应的温压状态下开展了室内试验,本节将与之进行对比。

1. 沿降压路径的力学响应

在降压路径(1—3—4—7)下,试样在各代表点处的应力-应变关系与体变-应变关系如图 5-22 所示。由于点 7 已超出水合物相平衡线,水合物已分解,故图中点 7 代表净砂试样。

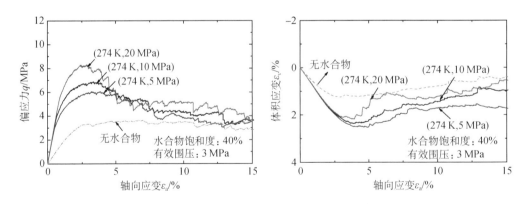

图 5-22　离散元模拟的降压路径上试样的力学响应

对比图 5-22 和图 5-1(b)中的模拟、实测结果可见,离散元数值模拟能够有效反映深海源土的以下关键力学特性:随着反压降低,试样强度与模量逐渐减小,应变软化现象逐渐减弱。在反压较高时(如 10 MPa),应力-应变关系呈现出应变软化特性,体变呈现出先剪缩后剪胀的特性;而随着反压降低,应变软化程度和剪胀体变降低。

值得注意的是,离散元模拟结果中无水合物试样的体变最小,与图 5-1(b)所示的规律不符。这是无水合物与有水合物试样初始孔隙差异导致的。降压路径(1—3—4—7)下各代表点所对应试样的平面孔隙比随轴向应变的变化关系如图 5-23 所示。有水合物试样在 0.2 MPa 围压下生成,由于水合物在颗粒接触间的生成限制了试样在继续固结下的体积变形,在固结至剪切阶段围压 3 MPa 时,有水合物试样孔隙比大于无水合物试样孔隙比(即无水合物试样较为密实),故其体变(剪缩)量最小。

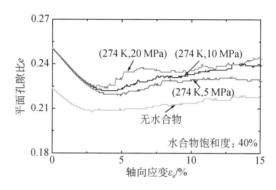

图 5-23　降压路径上各试样的平面孔隙比随轴向应变的变化

2. 沿升温路径的力学响应

在升温路径(2—3—5—6)下,试样在各代表点处的应力-应变关系与体变-应变关系如图 5-24 所示,与 Hyodo 等[62]在相应代表点处所获取的试验结果[图 5-1(a)]对比可以发现,与降压方式类似,随着温度的升高,离散元模拟结果与室内试验结果均表现为强度和割线模量的逐渐减小,以及应变软化、剪胀的逐渐减弱。升温路径中各代表点所对应试样的平面孔隙比随轴向应变的变化关系如图 5-25 所示。

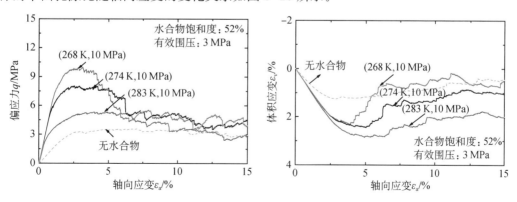

图 5-24　离散元模拟的升温路径上试样的力学响应

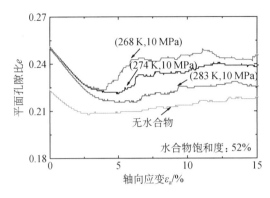

图 5-25 升温路径上各试样的平面孔隙比随轴向应变的变化

在前述讨论中,室内试验得到的应力-应变关系(加载至轴向应变15%)并未像离散元模拟呈现出明显的应变软化现象。为进一步探析该原因,图5-26给出了室内试验中试样在轴向应变分别加载至15%和50%时的一组应力-应变关系与体变-应变关系(其中试样所处温度为287 K,反压为10 MPa,有效围压为5 MPa,水合物饱和度为53.1%)。从图中可以发现,当轴向应变达到50%时可观察到明显的应变软化现象,而在轴向应变为15%时软化现象不明显。由此说明,在轴向应变为15%时,试样并未达到临界状态。值得注意的是,在轴向应变为50%时,试样的残余偏应力与无水合物时较为接近,表明水合物胶结已发生大量破坏。图5-22和图5-24中离散元双轴试样在较小轴向应变(15%)时

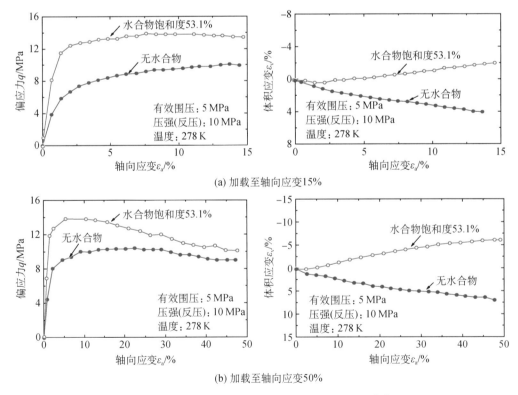

图 5-26 不同加载轴向应变下的室内试验结果[62]

其应力-应变关系即呈现应变软化,且残余偏应力趋于无水合物试样的情况,与上述试验结果定性规律一致,即离散元模拟在15%轴向应变范围内呈现了试验中50%轴向应变范围内的力学特性,这可能是由于本章离散元模拟的二维性导致的。尽管如此,可以看到二维离散元模拟仍然很好地反映了试验观察到的关键规律。

室内试验与离散元模拟所获取的最大偏应力和割线模量随温压参数的变化如图 5-1(c)—(d)、图 5-27 所示。从图中可以看到,两种方式所获取的最大偏应力和割线模量随温压参数的增大均基本呈线性增长。升温路径上各代表点所对应的水合物饱和度(52%)高于降压路径(40%)的情况,其相应的线性增长斜率和纵截距大于后者,表明温压状态对能源土强度和割线模量的影响随水合物饱和度的增大而逐渐增强。

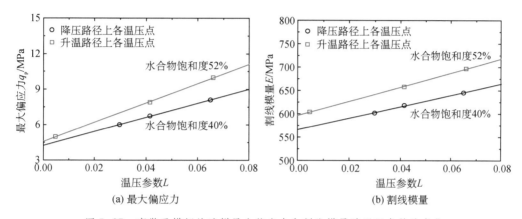

图 5-27　离散元模拟的试样最大偏应力和割线模量随温压参数的变化

以上分析表明,温压环境会影响水合物胶结强度和模量,进而影响深海能源土的强度和割线模量,离散元模拟结果与室内试验观察到的规律一致。这一方面说明了离散元模拟的可靠性,另一方面也论证了水合物胶结特性的温压依赖性是控制深海能源土力学特性温压相关性的微观机理。

5.4　深海能源土微观力学响应规律

本节以典型的深海能源土试样为代表,分析双轴剪切过程中不同轴向应变(即大主应变)下的微观力学响应,包括胶结接触的空间分布、接触的方向分布、平均纯转动率的空间分布;较大应变(轴向应变 $\varepsilon_a = 6\%$)下不同围压对双轴剪切过程中微观力学响应的影响;温压环境和水合物饱和度对双轴剪切过程中微观力学响应的影响。

5.4.1　双轴剪切过程中的微观力学响应

本节选取典型的深海能源土试样(温度 268 K,水压 10 MPa,水合物饱和度 25%)模拟双轴剪切过程中的微观力学响应,试样的宏观力学响应如图 5-7(d)和图 5-13(d)所示。

　1. 胶结接触的空间分布

图 5-28 给出了试样在双轴剪切过程中不同轴向应变下胶结接触的空间分布,胶结接

触通过连接两颗粒中心的线段表示。从图中可以看到,当轴向应变ε_a=0.75%时,试样内水合物胶结几乎未破坏;当轴向应变增大到1.5%时,胶结开始破坏;当轴向应变大于3.0%时,胶结开始大量破坏,并集中分布在若干条带内。当轴向应变进一步增大(如$\varepsilon_a \geqslant$6%)时,胶结的局部化非常明显,在带状区域内胶结率为零,而在其他区域内胶结率接近1。这说明深海能源土受力变形过程伴随着胶结破坏的局部化。

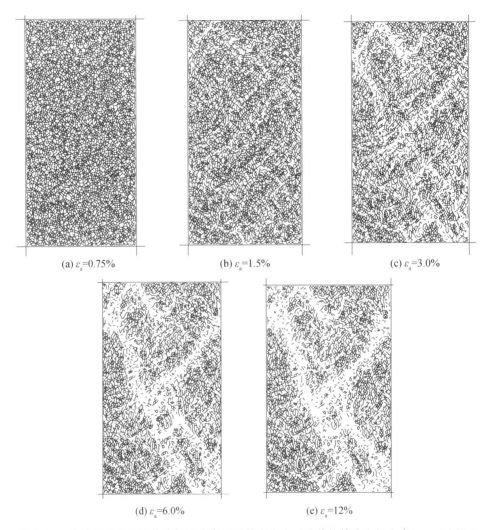

(a) ε_a=0.75%　　　　(b) ε_a=1.5%　　　　(c) ε_a=3.0%

(d) ε_a=6.0%　　　　(e) ε_a=12%

图5-28　离散元模拟的双轴剪切试验中不同轴向应变下胶结接触的空间分布(σ_3=1 MPa)

围压是影响胶结破坏空间分布的一个重要因素。图5-29进一步给出了不同围压下试样在轴向应变为6%时的胶结分布。从图中可以看到,随着围压的增大,胶结破坏的局部条带数量增多,但单个条带的宽度减小。

2. 接触的方向分布

图5-30—图5-32分别给出了典型算例[图5-7(d)和图5-13(d)中有效围压为1 MPa]在不同轴向应变下的总接触、胶结接触和无胶结接触的方向分布。方向分布图是按照10°等分将圆周分成36份,在相应的轴向应变下统计每个方向范围内的各类接触数

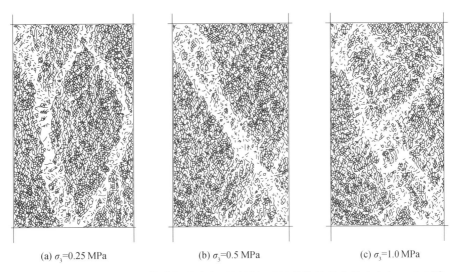

(a) $\sigma_3 = 0.25$ MPa   (b) $\sigma_3 = 0.5$ MPa   (c) $\sigma_3 = 1.0$ MPa

图 5-29   离散元模拟的双轴剪切试验中不同围压下胶结接触的空间分布($\varepsilon_a = 6.0\%$)

目,将该数目与总接触数目之比作为每个方向的代表值。

由图 5-30 可知,随着轴向应变的增大,试样内部的接触从近似各向同性分布转变为各向异性分布。在应变较大的情况下,总接触组构主方向沿大主应变方向。由图 5-31 可知,随着轴向应变的增大,胶结接触数目逐渐减少,胶结接触组构的主方向也沿大主应变方向。由图 5-32 可知,随着轴向应变的增大,无胶结接触数目逐渐增加,且无胶结接触组构的主方向从沿大主应变方向逐渐过渡到垂直于主剪切带方向,这是由于无胶结接触主要集中在剪切带内。

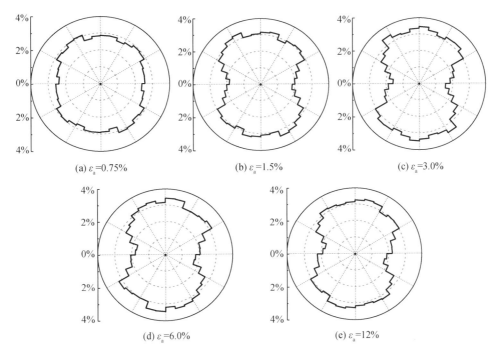

(a) $\varepsilon_a = 0.75\%$ (b) $\varepsilon_a = 1.5\%$ (c) $\varepsilon_a = 3.0\%$

(d) $\varepsilon_a = 6.0\%$ (e) $\varepsilon_a = 12\%$

图 5-30   离散元模拟的不同轴向应变下总接触的方向分布($\sigma_3 = 1$ MPa)

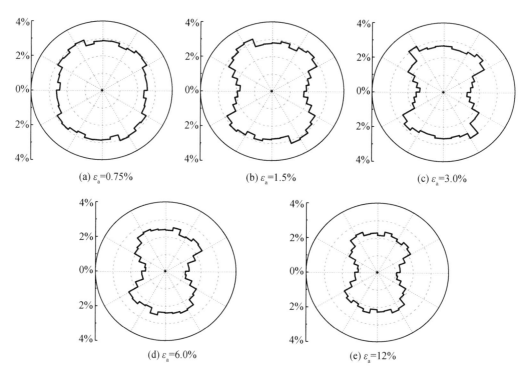

(a) ε_a=0.75%   (b) ε_a=1.5%   (c) ε_a=3.0%

(d) ε_a=6.0%   (e) ε_a=12%

图 5-31　离散元模拟的不同轴向应变下胶结接触的方向分布(σ_3=1 MPa)

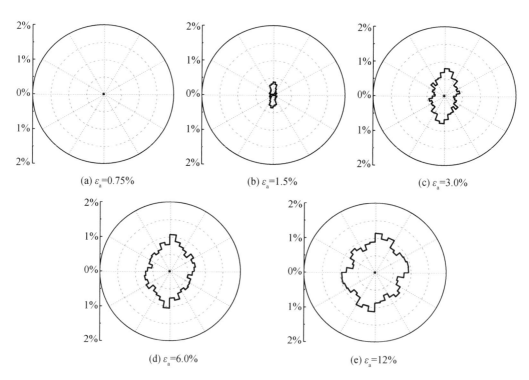

(a) ε_a=0.75%   (b) ε_a=1.5%   (c) ε_a=3.0%

(d) ε_a=6.0%   (e) ε_a=12%

图 5-32　离散元模拟的不同轴向应变下无胶结接触的方向分布(σ_3=1 MPa)

图 5-33—图 5-35 分别给出了应变较大时(ε_a=6%)不同围压下的总接触、胶结接触和无胶结接触的方向分布。由图可见,在不同围压下,总接触和胶结接触的主方向均为大主应变方向。随着围压的增大,无胶结接触数目逐渐增加,而胶结接触数目逐渐减少,无胶结接触主方向逐渐从垂直于主剪切带方向过渡到大主应变方向。

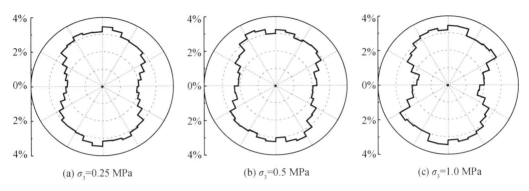

图 5-33 离散元模拟的不同围压下总接触的方向分布(ε_a=6.0%)

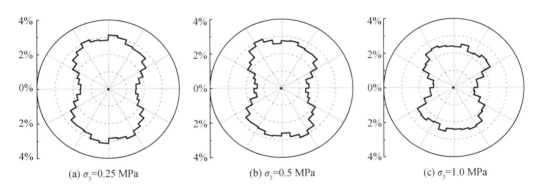

图 5-34 离散元模拟的不同围压下胶结接触的方向分布(ε_a=6.0%)

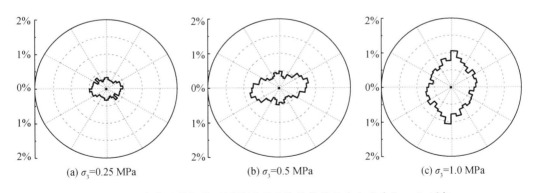

图 5-35 离散元模拟的不同围压下无胶结接触的方向分布(ε_a=6.0%)

3. 平均纯转动率的空间分布

为分析平均纯转动率(APR)在试样内部的空间分布,先将试样划分为 13×25 个

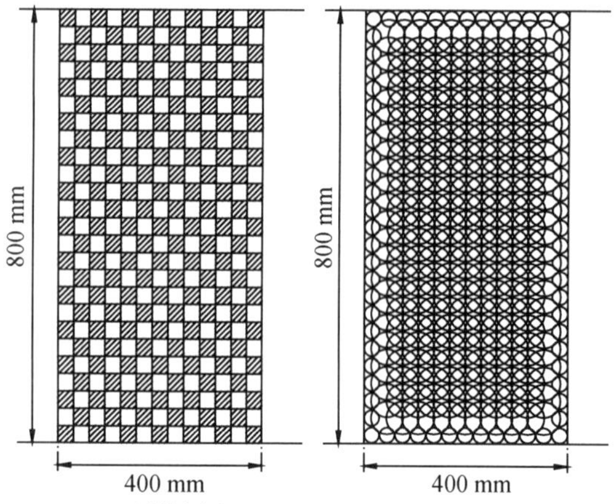

(a) 网格划分　(b) 测量圆位置

图 5-36　微观变量测量圆位置示意图

网格，网格大小为 30.5 mm×32 mm；然后在每个网格内布置一个测量圆，共 325 个。试样内部测量圆直径为 40 mm，边界处测量圆直径为 20 mm，如图 5-36 所示。

图 5-37 给出了试样在不同轴向应变下 APR 的空间分布。由图可见，随着轴向应变的增大，APR 的数值逐渐增大，并在轴向应变为 3% 左右达到稳定值。此外，随着轴向应变的增大，APR 从分散分布逐渐转变为集中分布在局部带内。

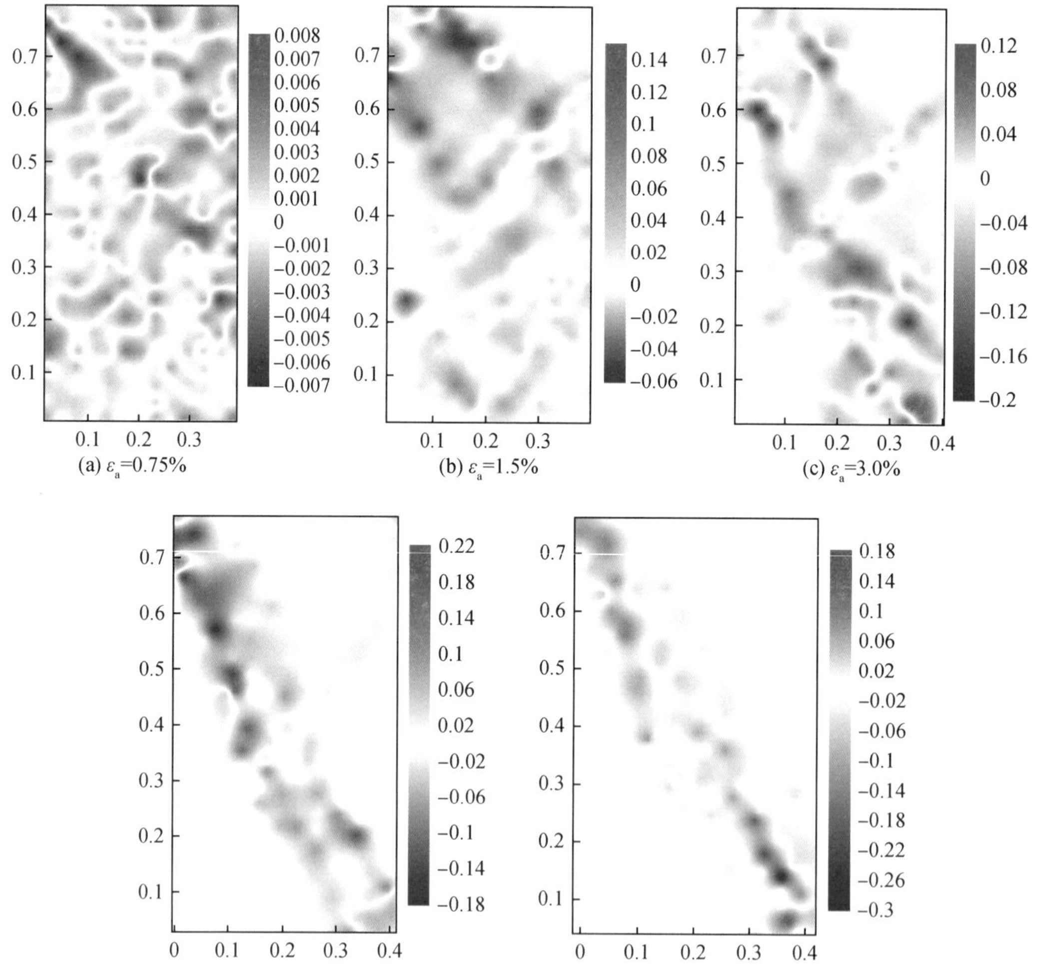

(a) ε_a=0.75%　(b) ε_a=1.5%　(c) ε_a=3.0%

(d) ε_a=6.0%　(e) ε_a=12%

图 5-37　离散元模拟的不同轴向应变下 APR 的空间分布(σ_3 = 1 MPa)

图 5-38 给出了应变较大时($\varepsilon_a = 6\%$)不同围压下 APR 的空间分布。由图可见，随着围压的增大，APR 数值逐渐减小，APR 较大位置与剪切带位置基本重合，说明剪切带内部伴随着明显的颗粒转动。

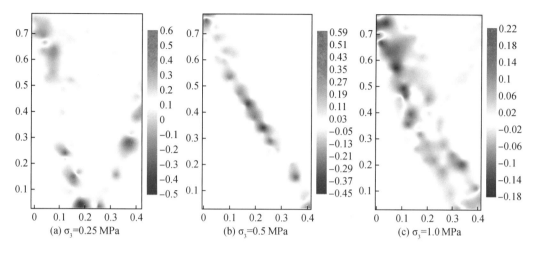

(a) $\sigma_3 = 0.25$ MPa   (b) $\sigma_3 = 0.5$ MPa   (c) $\sigma_3 = 1.0$ MPa

图 5-38　离散元模拟的不同围压下 APR 的空间分布($\varepsilon_a = 6.0\%$)

5.4.2　温压环境对微观力学响应的影响规律

选择前述 A、B、C、D、E 共五个代表性温压状态进行分析，相应的温压参数逐渐增大，对应的宏观应力-应变曲线与体变响应分别如图 5-7 和图 5-13 所示，选择有效围压为 1 MPa 时的结果进行分析。

1. 胶结接触的空间分布

图 5-39 给出了轴向应变较大时($\varepsilon_a = 6.0\%$)胶结接触的空间分布。由图可见，随着温压参数的增大，相同轴向应变下的胶结数目逐渐增加，而无胶结数目逐渐减少，且胶结破坏的集中分布现象更加明显。这是由于随着温压参数的增大，水合物胶结强度增大，胶结破坏更加困难，胶结破坏一旦在某个条带内发生，试样整体偏应力将降低，因而无法再使其他位置的胶结进一步发生破坏。

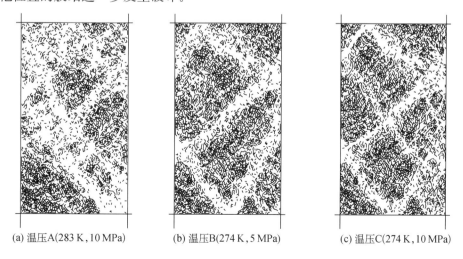

(a) 温压A(283 K，10 MPa)   (b) 温压B(274 K，5 MPa)   (c) 温压C(274 K，10 MPa)

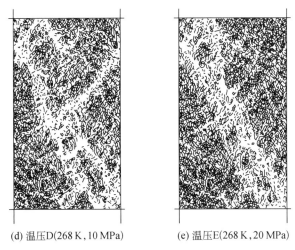

(d) 温压D(268 K,10 MPa)　　　　　(e) 温压E(268 K,20 MPa)

图 5-39　离散元模拟的不同温压状态下胶结接触的空间分布(ε_a＝6.0％)

2. 接触的方向分布

图 5-40—图 5-42 分别给出了轴向应变较大时(ε_a＝6.0％)总接触、胶结接触和无胶结接触的方向分布。由图可见,在不同的温压状态下,总接触和胶结接触主方向均沿大主应变方向。随着温压参数的增大,胶结接触比例逐渐增大,而无胶结接触比例逐渐减小,并且试样破坏时的应变局部化更加明显,导致无胶结接触的主方向逐渐从沿大主应变方向过渡到垂直于主剪切带方向。

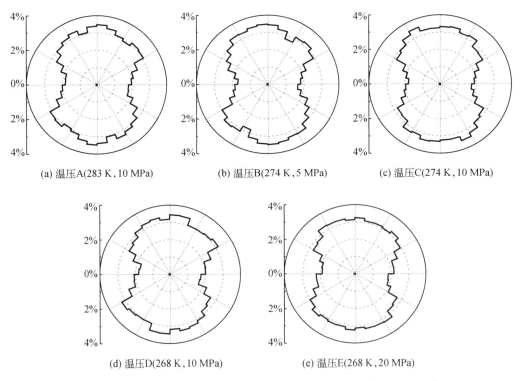

(a) 温压A(283 K,10 MPa)　　(b) 温压B(274 K,5 MPa)　　(c) 温压C(274 K,10 MPa)

(d) 温压D(268 K,10 MPa)　　　　　(e) 温压E(268 K,20 MPa)

图 5-40　离散元模拟的不同温压状态下总接触的方向分布(ε_a＝6.0％)

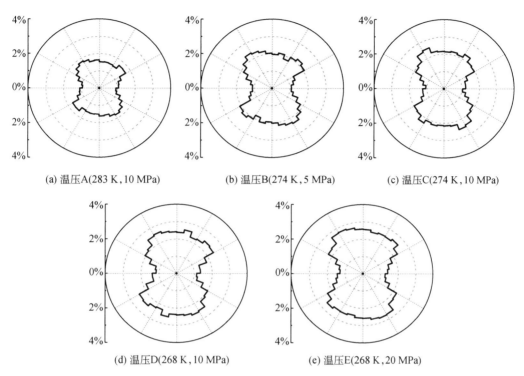

(a) 温压A(283 K,10 MPa)　　(b) 温压B(274 K,5 MPa)　　(c) 温压C(274 K,10 MPa)

(d) 温压D(268 K,10 MPa)　　(e) 温压E(268 K,20 MPa)

图 5-41　离散元模拟的不同温压状态下胶结接触的方向分布($\varepsilon_a = 6.0\%$)

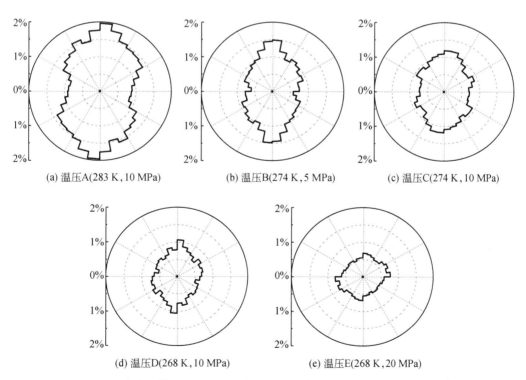

(a) 温压A(283 K,10 MPa)　　(b) 温压B(274 K,5 MPa)　　(c) 温压C(274 K,10 MPa)

(d) 温压D(268 K,10 MPa)　　(e) 温压E(268 K,20 MPa)

图 5-42　离散元模拟的不同温压状态下无胶结接触的方向分布($\varepsilon_a = 6.0\%$)

3. 平均纯转动率的空间分布

图 5-43 给出了轴向应变较大时($\varepsilon_a = 6.0\%$)不同温压状态下试样内平均纯转动率（APR）的空间分布。由图可见，当温压参数较小时，APR 在试样内的分布较为分散。随着温压参数的增大，APR 逐渐从若干条带状分布过渡到明显的主条带状分布，且与剪切带位置重合。

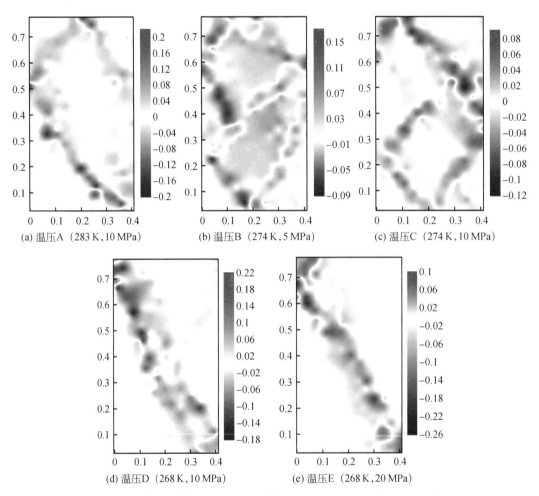

(a) 温压A（283 K，10 MPa）   (b) 温压B（274 K，5 MPa）   (c) 温压C（274 K，10 MPa）

(d) 温压D（268 K，10 MPa）   (e) 温压E（268 K，20 MPa）

图 5-43　离散元模拟的不同温压状态下 APR 的空间分布（$\varepsilon_a = 6.0\%$）

5.4.3　水合物饱和度对微观力学响应的影响规律

本节以水合物饱和度 $S_{MH} = 25\%$，30%，40%，50% 的四个试样为例讨论水合物饱和度对双轴剪切试样微观力学响应的影响，加载有效围压为 1 MPa，温度为 283 K，反压为 10 MPa。各试样的应力-应变曲线与体变响应分别如图 5-15(a) 和图 5-20(a) 所示。

1. 胶结接触的空间分布

图 5-44 给出了轴向应变较大时($\varepsilon_a = 6.0\%$)，四组水合物饱和度试样胶结接触的空间分布。试样中胶结大量发生破坏且分布较为发散，随着饱和度的增大，胶结破坏数目逐

渐减少且胶结破坏主要集中在局部带内。

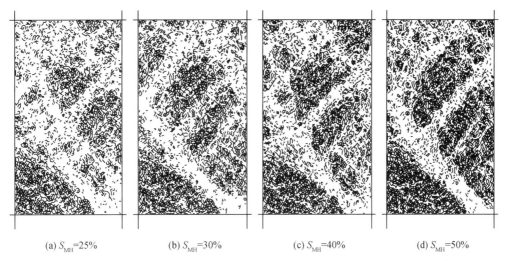

(a) $S_{MH}=25\%$ (b) $S_{MH}=30\%$ (c) $S_{MH}=40\%$ (d) $S_{MH}=50\%$

图 5-44　离散元模拟的不同水合物饱和度下胶结接触的空间分布($\varepsilon_a=6.0\%$)

2. 接触的方向分布

图 5-45—图 5-47 分别给出了轴向应变较大时($\varepsilon_a=6.0\%$)不同水合物饱和度试样的总接触、胶结接触和无胶结接触的方向分布。在不同的饱和度下,三类接触的主方向均沿大主应变方向。随着饱和度的增大,胶结接触比例逐渐增大,而无胶结接触比例逐渐减小。

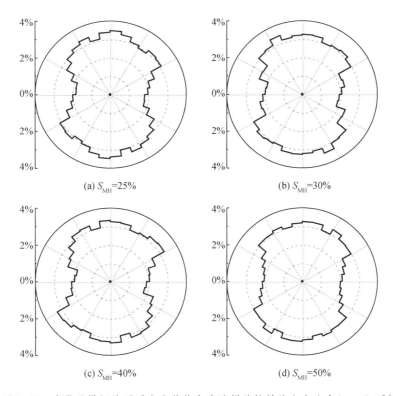

(a) $S_{MH}=25\%$ (b) $S_{MH}=30\%$

(c) $S_{MH}=40\%$ (d) $S_{MH}=50\%$

图 5-45　离散元模拟的不同水合物饱和度试样总接触的方向分布($\varepsilon_a=6.0\%$)

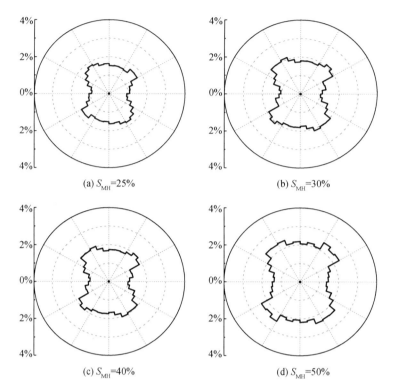

(a) S_{MH}=25%　　　　　　　　　　(b) S_{MH}=30%

(c) S_{MH}=40%　　　　　　　　　　(d) S_{MH}=50%

图 5-46　离散元模拟的不同水合物饱和度试样胶结接触的方向分布(ε_a＝6.0％)

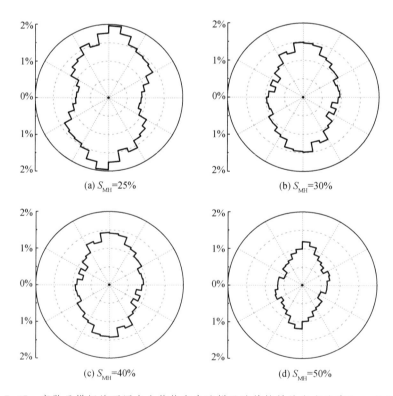

(a) S_{MH}=25%　　　　　　　　　　(b) S_{MH}=30%

(c) S_{MH}=40%　　　　　　　　　　(d) S_{MH}=50%

图 5-47　离散元模拟的不同水合物饱和度试样无胶结接触的方向分布(ε_a＝6.0％)

3. 平均纯转动率的空间分布

图 5-48 给出了轴向应变较大时($\varepsilon_a = 6\%$)不同水合物饱和度试样的平均纯转动率（APR）的空间分布。从图中可以观察到，随着饱和度的增大，APR 从分布在若干条带状区域内逐渐转变为分布在两条明显的带状区域内，与试样变形的应变局部化位置一致。

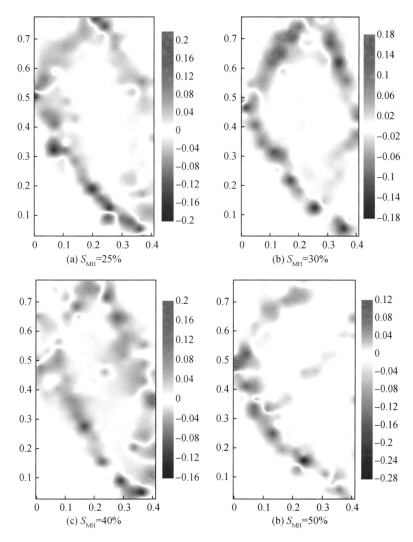

图 5-48 离散元模拟的不同水合物饱和度试样的 APR 的空间分布($\varepsilon_a = 6.0\%$)

5.5 深海能源土的应变局部化响应规律

在深海能源土区域进行水合物开采及相关工程活动，势必会引起能源土中水合物分解，降低能源土强度，引起海床的渐进性破坏。能源土在受力过程中应变局部化的形成、发展过程及其相关微观机理是渐进性破坏分析的关键。已有少量试验观察了深海能源土的应变局部化过程[177]，本节将采用离散元双轴剪切试验更加细致地研究应变局部化的发展规律。值得注意的是,岩土工程中应变局部化形式包括剪切带[178](shear band)、压缩带[179](compaction band)、膨胀带[180](dilation band),此处特指土体破坏中常见的剪切带形式。

5.5.1 柔性膜边界的离散元模拟方法

受刚性墙边界约束,试样内部的应变局部化现象并不显著,且剪切带的位置和倾角常随轴向应变发展而变化,不能很好地反映试验中观察到的剪切带演变过程。在离散元模拟中,采用柔性膜边界能够更好地反映试样内部剪切带的形成及变化规律。为此,本节离散元模拟采用与室内试验条件相符的柔性膜边界条件,并通过离散元模拟深海能源土平面应变双轴剪切试验,研究深海能源土在加载过程中剪切带的形成、发展过程及与之相应的多尺度力学响应,包括局部变形、应力、接触力链、准静态速度、胶结破坏分布、孔隙比分布和平均纯转动率分布。

柔性膜边界是由一连串大小相同的颗粒组成的,在离散元模拟中将这些颗粒称为膜颗粒。在刚性边界试样基础上,将左右两边的刚性墙换为由颗粒组成的柔性膜,上、下墙仍为刚性墙;柔性膜生成之后加围压平衡,如图5-49所示。柔性膜边界参数如表5-3所示。因膜颗粒间不传递力矩(即可发生任意相对转动),故不考虑接触抗转动作用,颗粒间由不可破坏的胶结接触连接。由膜颗粒组成的柔性边界能随试样的变形而自由变化形状,与室内三轴压缩试验所采用的橡皮膜边界类似。柔性膜边界离散元试样尺寸为1 680 mm×800 mm,颗粒总数目为24 000,以保证剪切带能充分发展且带内具有合理的颗粒数目,从而方便对剪切带内、外的一系列微观信息进行统计分析。

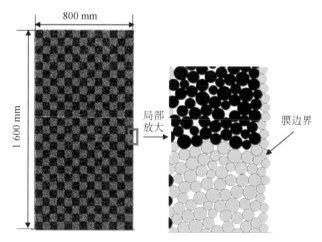

图5-49 双轴剪切试验中所采用的试样及其柔性膜边界条件

表5-3　　　　　　　　　　　　　柔性膜边界参数

柔性膜边界参数	取值
颗粒直径	6.0 mm(最小土颗粒尺寸)
颗粒密度	1 000 kg/m³

柔性膜边界参数	取值
法向接触刚度	3.0×10^7 N/m
切向接触刚度	2.0×10^7 N/m
胶结抗拉强度	不可破坏
胶结抗剪强度	不可破坏
颗粒与膜边界的接触刚度	3.0×10^7 N/m

5.5.2　应变局部化发展过程

在室内试验过程中,试样内部的宏微观参量(如局部变形、应力、接触力链、准静态速度、胶结破坏、孔隙比、平均纯转动率等)随剪切带发展的变化很难直接观察和测量,采用离散元模拟则很容易实现。本节针对三种水合物饱和度($S_{MH} = 40.9\%$,50.1%,67.8%)试样在围压 1 MPa 条件下的剪切带形成和发展过程以及相应的宏微观力学响应进行详细分析。

1. 试样局部变形场

加载前将试样划分为 13×25 个 61.5 mm $\times$ 67 mm 的矩形方格,分别赋予不同的颜色,可以根据加载过程中矩形方格的变形观察试样的局部变形。图 5-50、图 5-51 给出了双轴剪切过程中的网格变形情况。当轴向应变较小时,各试样网格基本呈矩形,试样局部变形不明显;当轴向应变达到 3% 时,各试样内部均开始出明显剪切带,对于 $S_{MH} = 40.9\%$ 和 67.8% 的两个试样,其中间出现了一条倾斜的剪切带。其中,$S_{MH} = 40.9\%$ 的试样剪切带位置走向为"左上—右下",$S_{MH} = 67.8\%$ 的试样剪切带位置走向为"左下—右上"。而 $S_{MH} = 50.1\%$ 的试样内部出现了两条明显的剪切带,并在顶部交叉,且两条剪切带有明显的主次之分,主带走向基本为"左下—右上"。随着轴向应变的增大,剪切带内部网格变形越来越明显,而带外网格变形都较小。

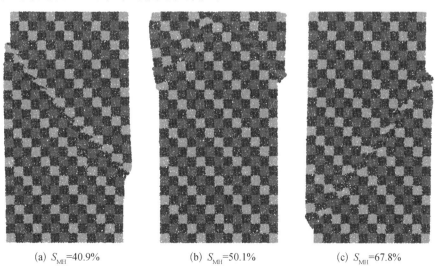

(a) S_{MH}=40.9%　　　　(b) S_{MH}=50.1%　　　　(c) S_{MH}=67.8%

图 5-50　轴向应变为 3% 时不同水合物饱和度试样的变形情况($\sigma_3 = 1$ MPa)

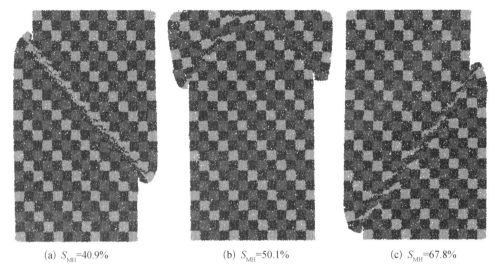

(a) $S_{MH}=40.9\%$ (b) $S_{MH}=50.1\%$ (c) $S_{MH}=67.8\%$

图 5-51　轴向应变为 9％时不同水合物饱和度试样的变形情况($\sigma_3=1$ MPa)

图 5-52　测量圆位置示意图

2. 应力场

为测量试样内部各点处应力的变化,定义 13×25 个测量圆,其位置见图 5-52。试样加载前记录离测量圆中心最近的颗粒,剪切过程中测量圆位置随该颗粒的移动而变化,测量圆的半径为 128 mm($17d_{50}$),包含了 220 个颗粒,靠近边界测量圆的半径为 60 mm($8d_{50}$)。

以箭头形式表示每个网格的主应力,箭头方向代表主应力方向(箭头指向中心表示压应力),箭头长度代表主应力相对大小。整个试样内部的应力场如表 5-4 所示。由表可知,当轴向应变达到 3％时,试样内部出现了主应力偏转。对于不同水合物饱和度试样,其相同之处在于:随着轴向应变的增大,主应力偏转现象越来越显著;剪切带内大主应力方向朝着垂直于主剪切带的方向旋转;离剪切带较远处的应力分布较均匀,主应力方向变化较小,基本平行于整个试样的大、小主应力方向。对于 $S_{MH}=67.8\%$ 的试样,在主、次剪切带交叉处,主应力偏转无规律,说明此处土体受力非常复杂。

3. 接触力链空间分布

表 5-4 给出了不同水合物饱和度试样在加载过程中接触力链的发展过程。线条的粗细代表接触力的大小,方向代表接触力的方向。由图可见,不同水合物饱和度试样的相同之处在于:当轴向应变较小时,试样内颗粒间的接触力链呈密网状,各向接触力基本均匀;随着轴向应变的增大,接触力链主要为竖向,剪切带位置的接触力链稀疏,但接触力较剪切带外更大。对于 $S_{MH}=40.9\%$ 和 67.8％的试样,分布在剪切带两侧的接触力链无本质差别;而对于 $S_{MH}=50.1\%$ 的试样,其接触力链在顶端边界中部数值大、数量少,反映了剪切带交叉位置的荷载传递特点。

4. 准静态速度场

准静态速度场反映了试样内部增量应变的发展趋势,是反映应变局部化过程的重要场量。表5-4给出了不同水合物饱和度试样在各应变阶段的准静态速度场。颗粒的准静态速度用一段时间内的平均速度代表,用箭头线表征各颗粒速度,箭头方向代表速度方向,箭头长度代表速度相对大小。由表可知,对于不同水合物饱和度的试样,其相同之处在于:当轴向应变达到3%时,出现明显的带状区域,剪切带在准静态速度场的不连续位置;随着轴向应变的增大,准静态速度场的带状现象越来越明显,剪切带两侧准静态速度差异越来越大。不同之处在于:对于 $S_{MH}=40.9\%$ 和 67.8% 的两个试样,其剪切带两端的准静态速度场基本呈对称分布,试样整体变形为剪切带上、下两"刚性块体"沿剪切带的相对错动;而对于 $S_{MH}=67.8\%$ 的试样,其剪切带上端的速度较下端的速度大得多,说明 $S_{MH}=67.8\%$ 的试样整体变形集中在上边界附近。

5. 胶结破坏的空间分布

深海能源土的宏观变形过程与其内部的胶结破坏集中化密切相关。图5-53给出了不同水合物饱和度试样的胶结破坏速率随轴向应变的发展情况。其中,胶结破坏速率定义为单位轴向应变增量下的胶结破坏比例。需要注意的是,在离散元模拟过程中,三种水合物饱和度试样所对应的初始胶结点总数相近,分别为 46 715($S_{MH}=40.9\%$),46 558($S_{MH}=50.1\%$),46 477($S_{MH}=67.8\%$)。

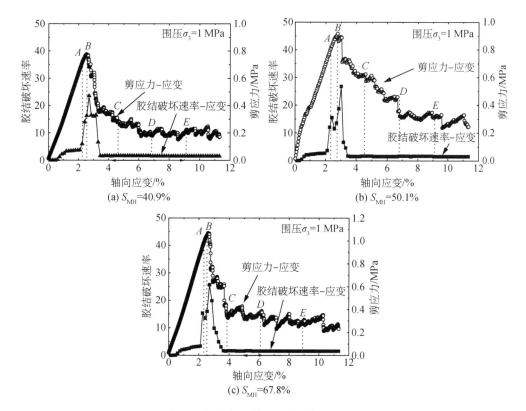

图 5-53 不同水合物饱和度试样的胶结破坏速率与轴向应变的关系

表 5-4　各参量表征的应变局部化过程

参量	$S_{MH}=40.9\%$			$S_{MH}=50.1\%$			$S_{MH}=67.8\%$		
	$\varepsilon_a=3\%$	$\varepsilon_a=6\%$	$\varepsilon_a=9\%$	$\varepsilon_a=3\%$	$\varepsilon_a=6\%$	$\varepsilon_a=9\%$	$\varepsilon_a=3\%$	$\varepsilon_a=6\%$	$\varepsilon_a=9\%$
应力场									
接触力链场									
准静态速度场									
胶结破坏场									
孔隙比场									
APR 场									

由图 5-53 可知,各试样的胶结破坏速率随轴向应变的变化规律大致相同:在初始屈服点 A 之前,三个试样均存在部分胶结破坏;随后,胶结破坏速率开始显著增大,并在峰值强度点 B 附近达到最大值;峰值过后,胶结破坏率迅速减小,趋近于零并保持稳定。不同之处在于,随着水合物饱和度的增大,峰值胶结破坏速率和残余胶结破坏率略微增大。

表 5-4 给出了三个试样在不同轴向应变下内部胶结破坏点的空间分布。由表可知,对于不同水合物饱和度试样,其相同之处在于:胶结破坏位置分布在整个试样中,但剪切带内部的胶结破坏较剪切带外更多,且随着轴向应变的发展,剪切带内、外胶结破坏比例的差别越来越明显。不同之处在于:对于 $S_{MH} = 40.9\%$ 和 67.8% 的试样,其剪切带两边的胶结破坏分布基本对称,但对于 $S_{MH} = 50.1\%$ 的试样,主、次剪切带在上部刚性墙边界处形成,随着轴向应变的增大,剪切带上、下两部分变形不对称。

6. 孔隙比空间分布

表 5-4 给出了三个试样在不同轴向应变下的孔隙比分布。由表可知,当轴向应变达到 3% 时,孔隙比分布出现明显的局部化现象,孔隙比等值线在不同位置处的疏密程度不同,剪切带内、外等值线分布较疏松,剪切带边缘位置处的等值线分布较密,即剪切带边缘位置处孔隙比的梯度较其他位置大。不同之处在于:对于 $S_{MH} = 40.9\%$ 和 67.8% 的试样,孔隙比在剪切带两侧基本对称分布;但对于 $S_{MH} = 50.1\%$ 的试样,主、次剪切带上部试样的孔隙比较下部更大,这是上部剪切带交叉区发生更大剪胀所致。

7. 平均纯转动率的空间分布

表 5-4 给出了三个试样的平均纯转动率(APR)的空间分布。对于不同水合物饱和度试样,其相同之处在于:当轴向应变达到 3% 时,APR 出现了明显的带状集中,且随着轴向应变的增大,剪切带内 APR 逐渐增大,剪切带外 APR 基本维持不变,剪切带边缘处 APR 的变化梯度最大。不同之处在于:在同一应变条件下,随着水合物饱和度的增大,APR 越来越大;对于水合物饱和度 $S_{MH} = 40.9\%$ 和 67.8% 的试样,剪切带上、下两端的 APR 分布基本对称,而对于 $S_{MH} = 50.1\%$ 的试样,剪切带上部的 APR 较大。

5.5.3 剪切带的几何特征

剪切带的倾角和宽度是反映剪切带性状的重要因素,本节根据表 5-4 中试样在不同场变量下的应变局部化几何特征统计了三个试样在不同加载阶段的剪切带倾角和宽度,对于水合物饱和度 $S_{MH} = 50.1\%$ 的试样,对其主剪切带进行统计。具体统计结果见表 5-5、表 5-6,剪切带宽度以试样的中值粒径 d_{50}(7.6 mm)为单位。

表 5-5　　　　　　　　　　不同轴向应变下的剪切带倾角　　　　　　　　（单位:°）

水合物饱和度	计算依据	轴向应变 3%	轴向应变 6%	轴向应变 9%
$S_{MH} = 40.9\%$	局部变形场	51	51	51
	准静态速度场	50	51	52
	胶结破坏场	50	50	50

水合物饱和度	计算依据	轴向应变3%	轴向应变6%	轴向应变9%
$S_{MH}=40.9\%$	孔隙比场	50	49	49
	APR 场	51	51	50
	平均值	**50.4**	**50.4**	**50.4**
$S_{MH}=50.1\%$	局部变形场	51	52	51
	准静态速度场	52	51	52
	胶结破坏场	51	51	51
	孔隙比场	52	52	53
	APR 场	53	51	52
	平均值	**51.8**	**51.4**	**51.8**
$S_{MH}=67.8\%$	局部变形场	53	52	53
	准静态速度场	52	52	52
	胶结破坏场	54	54	55
	孔隙比场	51	52	51
	APR 场	52	51	51
	平均值	**52.4**	**52.2**	**52.4**

表 5-6　　　　　　　　　　不同轴向应变下的剪切带宽度　　　　（单位：中值粒径 d_{50}）

水合物饱和度	计算依据	轴向应变3%	轴向应变6%	轴向应变9%
$S_{MH}=40.9\%$	局部变形场	12	15	18
	准静态速度场	10	16	18
	胶结破坏场	13	16	19
	孔隙比场	10	15	19
	APR 场	14	17	20
	平均值	**12**	**16**	**18**
$S_{MH}=50.1\%$	局部变形场	10	14	18
	准静态速度场	8	13	17
	胶结破坏场	11	15	17
	孔隙比场	10	12	18
	APR 场	11	14	16
	平均值	**10**	**14**	**17**
$S_{MH}=67.8\%$	局部变形场	11	14	19
	准静态速度场	9	12	17

水合物饱和度	计算依据	轴向应变 3%	轴向应变 6%	轴向应变 9%
$S_{MH}=67.8\%$	胶结破坏场	12	15	18
	孔隙比场	11	14	18
	APR 场	13	15	18
	平均值	**11**	**14**	**18**

由表 5-5 可知,不同水合物饱和度试样所形成的剪切带存在一定的区别:对于 $S_{MH}=40.9\%$ 的试样,其剪切带平均倾角约为 50.4°;对于 $S_{MH}=50.1\%$ 的试样,其剪切带主带平均倾角约为 51.8°;对于 $S_{MH}=67.8\%$ 的试样,其剪切带平均倾角约为 52.4°。剪切带一经形成,其倾角基本维持不变,即针对同一种饱和度条件的试样在不同轴向应变下的剪切带倾角基本相同。

由表 5-6 可知,与倾角变化情况不同,三个试样的剪切带宽度随轴向应变的增大逐渐增大。

对于 $S_{MH}=40.9\%$ 的试样,当轴向应变为 3.0% 时,剪切带平均宽度约为 $12d_{50}$;当轴向应变发展至 6% 时,剪切带平均宽度约为 $16d_{50}$;当轴向应变较大时,剪切带平均宽度稳定在 $18d_{50}$ 左右。

对于 $S_{MH}=50.1\%$ 的试样,当轴向应变为 3.0% 时,剪切带平均宽度约为 $10d_{50}$;当轴向应变发展至 6% 时,剪切带平均宽度约为 $14d_{50}$;当轴向应变较大时,剪切带平均宽度稳定在 $17d_{50}$ 左右。

对于 $S_{MH}=67.8\%$ 的试样,当轴向应变 3.0% 时,剪切带平均宽度约为 $11d_{50}$;当轴向应变发展至 6% 时,剪切带平均宽度约为 $14d_{50}$;当轴向应变较大时,剪切带平均宽度稳定在 $18d_{50}$ 左右。

此外,从连续介质理论角度看,剪切带倾角计算方法有三种:

$$（1） \qquad \alpha = 45° + \frac{\varphi}{2} \qquad\qquad (5-7)$$

$$（2） \qquad \alpha = 45° + \frac{\psi}{2} \qquad\qquad (5-8)$$

$$（3） \qquad \alpha = 45° + \frac{\varphi}{4} + \frac{\psi}{4} \qquad\qquad (5-9)$$

式中,α 为剪切带倾角;φ 为土体内摩擦角;ψ 为土体剪胀角,可通过土体的体变响应曲线得到。当 $S_{MH}=40.9\%$ 时,$\psi=13.1°$;当 $S_{MH}=50.1\%$ 时,$\psi=14.2°$;当 $S_{MH}=67.8\%$ 时,$\psi=14.5°$。

表 5-7 对比了三个试样的剪切带倾角的离散元模拟值和理论计算值,其中离散元模拟值取根据各常变量获得的倾角平均值。可以看到,方法(1)所计算的剪切带倾角值对于三个试样来说均偏高,方法(2)、(3)所计算的剪切带倾角值与离散元模拟值较为接近,其中方法(2)所计算的结果更为接近。

表 5-7　　　　　　　　　　　不同剪切带倾角计算方法对比

计算方法	$S_{MH}=40.9\%$	$S_{MH}=50.1\%$	$S_{MH}=67.8\%$
(1) $\alpha=45°+\varphi/2$	54.6°	54.7°	54.5°
(2) $\alpha=45°+\psi/2$	51.6°	52.1°	52.3°
(3) $\alpha=45°+(\varphi+\psi)/4$	53.1°	53.4°	53.4°
离散元模拟值	50.4°	51.8°	52.4°

5.5.4　剪切带内、外力学响应对比

剪切带内、外力学响应有明显差异,本节通过在不同水合物饱和度试样剪切带内、外布置代表性测点(图 5-54),统计双轴剪切试验过程中不同位置处孔隙比、平均纯转动率、应力路径的变化,以分析剪切带内、外的差异。

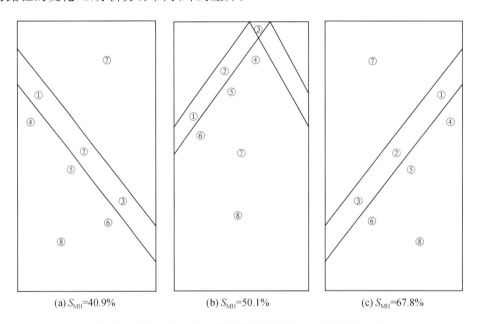

(a) $S_{MH}=40.9\%$　　　　　(b) $S_{MH}=50.1\%$　　　　　(c) $S_{MH}=67.8\%$

图 5-54　不同水合物饱和度试样剪切带内、外测点位置示意图

1. 孔隙比

图 5-55—图 5-57 分别给出了不同水合物饱和度($S_{MH}=40.9\%$,50.1%,67.8%)试样剪切带内、外测点处的孔隙比随试样轴向应变的变化曲线。从图中可以看出,对于同一种水合物饱和度试样,加载初期剪切带内和边缘处测点的孔隙比先略有减小;在轴向应变达到 2.5% 以后,剪切带内孔隙比逐渐增大,孔隙比增大最明显的阶段与试样剪胀最显著的阶段相一致;随着轴向应变的继续增大,剪切带内孔隙比基本稳定,但在一个小范围内波动,而剪切带外测点的孔隙比在整个试验过程中变化很小,且距离剪切带越远的孔隙比变化越小。这也说明了试样的剪胀主要发生在剪切带内部,而剪切带外的剪胀很小。对于 $S_{MH}=40.9\%$ 和 67.8% 的试样,位于剪切带中心处测点的孔隙比变化最大;对于

$S_{MH}=50.1\%$的试样，位于剪切带内靠近膜边界处测点①的孔隙比变化最大。不同水合物饱和度试样其他部位测点的孔隙比变化规律基本一致。

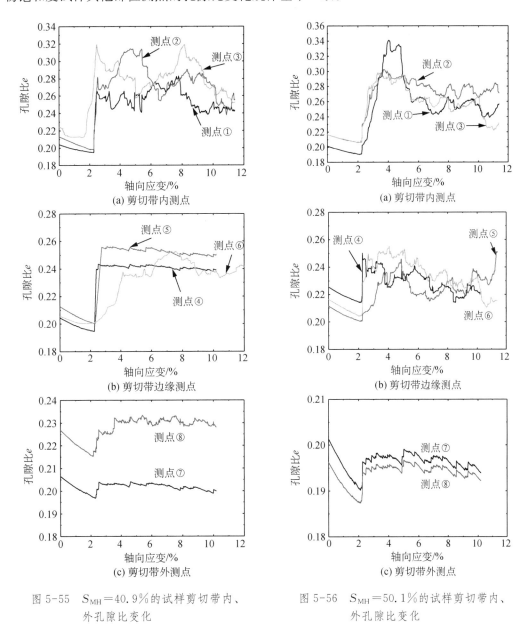

图 5-55　$S_{MH}=40.9\%$的试样剪切带内、外孔隙比变化

图 5-56　$S_{MH}=50.1\%$的试样剪切带内、外孔隙比变化

2. 平均纯转动率

图 5-58 为不同水合物饱和度（$S_{MH}=40.9\%$，50.1%，67.8%）试样剪切带内、外测点处的平均纯转动率（APR）随试样轴向应变的变化曲线。从图中可以看出，对于同一种水合物饱和度试样，剪切带内和边缘测点处的 APR 绝对值随轴向应变的增大而增大，而后逐渐稳定在一个定值上下波动，剪切带外测点处的 APR 值始终保持在 0 左右，变化很小。这说明土颗粒发生相对转动的区域主要在剪切带内，而剪切带外的土颗粒相对转动极其

微小。对于不同水合物饱和度试样,随着水合物饱和度的增大,剪切带内测点的 APR 越来越小,说明水合物饱和度越大,水合物胶结对颗粒转动的约束就越大。

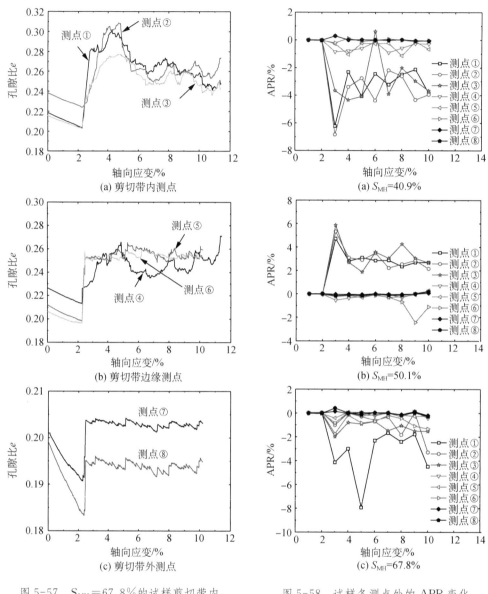

图 5-57 $S_{MH}=67.8\%$ 的试样剪切带内、
外孔隙比变化

图 5-58 试样各测点处的 APR 变化

3. 应力路径

图 5-59 以 $S_{MH}=40.9\%$ 的试样为例给出了剪切带内、外测点的应力路径与试样整体强度包络线之间的关系。图中球应力定义为 $(\sigma_1+\sigma_3)/2$,剪应力定义为 $(\sigma_1-\sigma_3)/2$。从图中可以看出,剪切带内、外测点的应力路径在初始阶段均沿 45°方向发展,与试样整体加载状态一致;剪切带内及边缘位置处测点的应力路径在剪切过程中均超出试样整体的峰值强度包络线,随后土体发生破坏,应力路径逐渐靠近残余强度线;剪切带外测点的应力

路径也呈现先加载后卸载的模式,但最高点未达到峰值强度包络线。

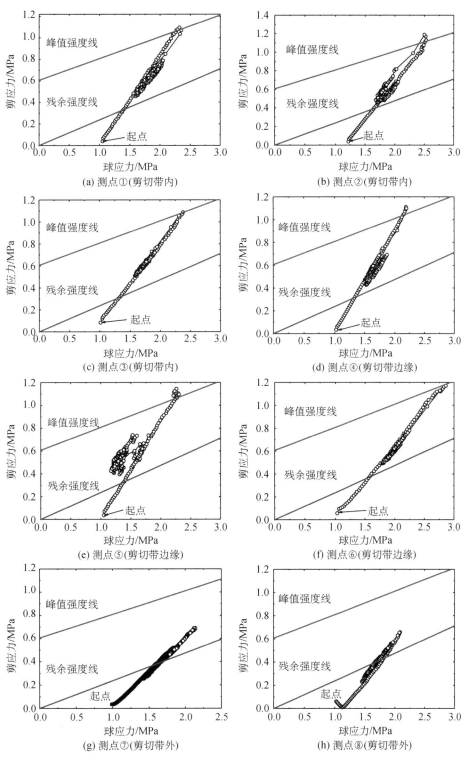

图 5-59 $S_{MH}=40.9\%$ 的试样各测点的应力路径

5.6 本章小结

本章首先讨论了室内单元试验发现的深海能源土力学特性依赖温度、反压的现象。基于不同温压状态、水合物饱和度及有效围压下的离散元双轴剪切试验模拟,分析了胶结型深海能源土力学特性随这些因素的变化规律;给出了不同水合物饱和度下深海能源土宏观力学指标(弹性模量、内摩擦角、黏聚力、最大剪胀角)与温压参数的定量关系,据此可从少量室内试验或现场试验数据初步推测各温压状态、水合物饱和度条件下的深海能源土力学参数。

水合物材料本身的强度和模量随温度降低、反压升高而增大,使得颗粒间胶结接触的强度和刚度也相应增大,这是深海能源土力学特性的温压状态依赖性的微观机理。深海能源土的宏观变形过程伴随着胶结接触的空间不均匀破坏,胶结接触和无胶结接触主方向的变化,颗粒的局部化集中转动,温压状态、水合物饱和度、有效围压对这些微观过程都有不同程度的影响。

采用柔性膜边界的离散元模拟方法研究了双轴剪切试验过程中的应变局部化现象。结果表明,剪切带倾角与 $45° + \psi/2$ 接近(ψ 为剪胀角),剪切带平均宽度约为中值粒径 d_{50} 的 18 倍;剪切带内、外土体力学响应有明显差异,剪切带内孔隙比变化、平均纯转动率明显大于剪切带外,剪胀和颗粒转动集中发生在剪切带内;剪切带内及边缘处应力路径超出试样整体的峰值强度包络线,而剪切带外应力路径最高点在峰值与残余强度包络线之间。

6 热源升温场下深海能源土中锚固桩承载特性模拟

第 4 章和第 5 章详细阐述了深海能源土的温-压-力胶结接触模型,分析了离散元数值试样的基本力学特性与变形特性,验证了该模型的有效性与合理性。基于以上研究基础,本章将利用温-压-力胶结模型和热-力耦合技术模拟热源升温场下深海能源土中锚固桩抗拔试验,系统分析水合物热分解区附近的锚固桩抗拔、抗水平力承载特性。

6.1 工程背景

在深海地层中开采天然气水合物、石油等资源时,需要使用适用于海洋复杂环境的开采平台。目前主流的海洋开采平台有半潜式平台、Spar 平台、张力腿平台以及浮式生产储油轮等(图 6-1),所采用的基础形式有细长锚桩、吸力式筒形基础等。其中,细长锚桩常用于张力腿平台,适用于土质条件较好的地基,在海洋特殊环境中同时承受上拔和水平荷载作用。

图 6-1　主要海洋平台形式

探测资料表明:我国南海神狐区域有厚度为 17.5～33.5 m 的含水合物土层,水合物饱和度为 20%～43%,水合物稳定层底界的环境温度为 15～25℃,水压为 12～18 MPa,地热梯度较小,为 45～67.7℃/km[181,182]。升温法,即通过热源稳定持续地向深海能源土地层传递热量,使地层内水合物因温度升高而发生分解,是天然气水合物开采的一种重要方法。在含水合物地层中,天然气水合物的开采会造成地层中水合物胶结破坏,降低深海能源土的抗剪强度,可能降低深海锚固桩的承载力,严重危害开采平台的安全,进而引发巨大灾害。

然而,基于连续介质理论的有限元法在解决锚固桩地基的连续破坏问题上存在一定的局限性;物理模型试验(如离心机试验)难以精确地再现深海复杂环境(温度场等)和实际开采中的复杂加载工况,且成本高、重复性差。本章以用于深海开采平台的锚固桩为研究对象,采用离散元法模拟我国南海神狐区域水合物升温开采时,开采井附近锚固桩的抗拔和抗水平力承载特性,探究锚固桩与开采热源间的距离对锚固桩抗拔性能的影响规律,进而为我国水合物开采提供技术支撑。

6.2　深海能源土地基及锚固桩模型的建立

本章将着重探究在荷载作用下锚固桩在倾斜方向上的承载特性。参考海洋工程中常用的锚固桩资料[183,184],本章选择锚固桩长 12 m,宽 0.8 m,长径比为 15,桩身采用 C30 混凝土材料,弹性模量为 30 GPa,剪切模量为 12.5 GPa。地基尺寸为 60 m(宽)×24 m(深),经过试算,所选择的锚固桩尺寸在地基中可忽略边界效应对模拟结果的影响。

6.2.1　地基模型的建立

受限于当前计算机的计算能力,离散元数值模拟中难以采用与原型尺寸一致的数值地基。因此,基于岩土工程中常用的离心机原理来缩小模型尺寸,并增大重力场来还原原型地基中的初始应力场。本章中离散元地基宽 3 m,高 1.2 m,相似比为 20,地基土体的颗粒级配分布与第 5 章中单元试验所采用的级配一致(粒径 6.0~9.0 mm),颗粒密度为 2 600 kg/m³。地基土体孔隙比为 0.25(与第 5 章中单元试验试样一致),地基颗粒总数为 6.4 万,接触模型参数亦与第 5 章保持一致。

采用分层欠压法制备地基,该方法可以模拟地基土体的天然沉积过程。制备完成后,施加相应的重力场并使之平衡。根据离心机相似原理,施加的重力场应为 20g。考虑到土颗粒受到海水的浮力作用,而本模拟中未直接模拟海水,故通过折减重力场体现海水的浮力作用,当施加的重力加速度为 12.3g 时可再现原型地基的初始有效应力状态。

地基在给定重力场下平衡后,对土颗粒间的接触施加第 4 章中建立的温-压-力胶结模型。其中水合物胶结参数需基于我国南海神狐区域的探测资料来确定。假定地基土体的水合物饱和度为 25%,温度为 15℃,距海平面约 1 700 m 深,即水压为 17 MPa。需要强调的是,南海神狐区域内地热梯度较小,为 45~67.7℃/km,由计算可知,在所选取的地层深度范围内(24 m),温度的变化幅度约为 1℃,水压变化约为 0.24 MPa,在本章模拟中可以忽略不计。水合物密度选为 0.9 g/cm³,与第 5 章中单元试验试样的取值保持一致。

地基在重力场下平衡后,均匀布置 10 行、20 列测量圆,通过输出每个测量圆内的水平应力、竖向应力,检查地基土体的初始应力状态,结果如图 6-2 所示(注:本章模拟图中纵横轴指坐标,单位为 m)。由图可知,地基的水平应力、竖向应力均随深度的增加而逐渐增大,应力等值线基本呈水平分布,这表明在相同深度下,不同位置处的应力基本相同。然而,由于端部与底部边界的约束,应力等值线会存在一定波动,但相比于地基应力的总体分布规律,该波动较小。进一步统计地基内初始水平应力、竖向应力、孔隙比、侧压力系数(水平应力/竖向应力)随深度的变化趋势,如图 6-3 所示。注意,图中数值均为相同深度下不同水平位置处测量圆测得值的均值。由图 6-3 可知,孔隙比随深度变化较小,不同深度下孔隙比均在 0.25 附近,与目标孔隙比相近。地基的侧压力系数随深度的增加而略有减小,但基本在 0.75 附近。以上检测结果表明离散元地基的均匀性良好,初始应力场与预期结果相符,可进行下一步承载试验。

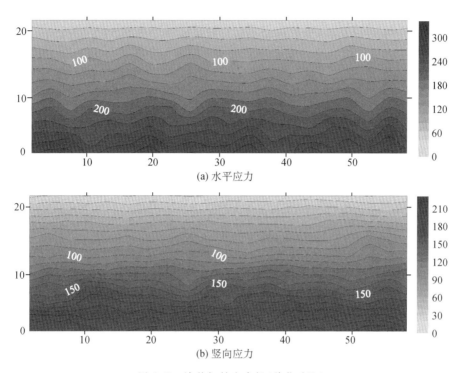

(a) 水平应力

(b) 竖向应力

图 6-2 地基初始应力场(单位:kPa)

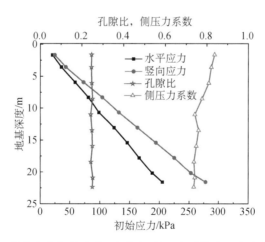

图 6-3 地基土体初始应力、孔隙比、侧压力系数随深度的变化关系

6.2.2 锚固桩模型的建立

离散元法中可以采用规则排列分布的颗粒来近似模拟混凝土、钢结构等结构体。相比于基于连续介质理论的有限元法,离散元法既可以模拟构件在正常弹性工作状态下的宏观性能,也可以利用其在大变形模拟中的优势,分析结构的破坏过程、内部初始缺陷(如

内部微裂隙)在加载过程中的演化规律等,如应力重分布、局部破坏、构件的大变形破坏与脱落,以及构件间的相互作用与整体坍塌。

本章的混凝土桩采用正方形排列的颗粒来模拟,颗粒间接触采用 PFC 软件中的平行胶结模型。构件的弹性模量和剪切模量与平行胶结模型中各参数的关系如下:

$$E = \frac{2K_n^p R}{A} + 2\bar{K}_n R \tag{6-1}$$

$$G = \frac{2K_s^p R}{A} + 2\bar{K}_s R \tag{6-2}$$

式中,R 为混凝土桩的颗粒直径;K_n^p、K_s^p 分别为混凝土桩颗粒接触的法向、切向刚度;$\bar{K}_n$、$\bar{K}_s$ 分别为平行胶结的法向、切向刚度(量纲为 $[F/L^2]$);A 为混凝土桩颗粒间的等效接触面积(可表示为 $2R \times 1$,此处 1 代表二维离散元模拟中垂直于平面方向的单位长度)。

混凝土桩的主要模拟过程包括以下三步:①在地基中开挖一个宽 40 mm、深 600 mm 的槽。②在整个槽内以 8 排×120 列的分布形式填入桩体颗粒,混凝土桩颗粒的粒径为 5 mm,数量为 960,相关参数如表 6-1 所示。混凝土桩颗粒生成后,对颗粒间接触施加平行胶结模型,使混凝土颗粒形成一个连续整体,即混凝土桩。③使混凝土桩与地基在 12.3g 的重力场下达到平衡。注意,混凝土桩颗粒与土颗粒之间无胶结作用。

表 6-1 中,混凝土桩颗粒刚度的取值是按照混凝土弹性模量 $E = 30$ GPa 与剪切模量 $G = 12.5$ GPa 的目标值进行标定得到的。首先根据经验设定颗粒间的法向刚度为 6×10^8 N/m,再基于式(6-1)标定平行胶结法向刚度。由于 $E/G = 2.4$,基于式(6-2),颗粒法向刚度与切向刚度比值设为 2.4 时可确保混凝土桩的弹性模量与剪切模量的比值同实际材料一致。此外,为防止混凝土桩在加载过程中发生破坏,此处将平行胶结的强度设为无穷大;为防止墙体颗粒在加载过程中发生滑动,将粒间摩擦系数设为 5。混凝土桩颗粒干密度设为 3 000 kg/m³,根据混凝土桩内部颗粒的孔隙比 $e = 0.27$,得到混凝土桩的密度约为 2 350 kg/m³,与实际混凝土桩一致。

表 6-1   混凝土桩颗粒参数

参数	取值
颗粒直径/mm	5
颗粒总数	960
初始孔隙比	0.27
颗粒干密度/(kg·m⁻³)	3 000
接触法向刚度/(N·m⁻¹)	6×10^8
接触切向刚度/(N·m⁻¹)	2.5×10^8
平行胶结法向刚度/(Pa·m⁻¹)	5.94×10^{12}
平行胶结切向刚度/(Pa·m⁻¹)	2.475×10^{12}
粒间摩擦系数	5

然后对混凝土桩进行梁加载试验并计算其弹性模量,将计算结果与式(6-1)、式(6-2)进行对比,以验证所生成混凝土桩的力学特性。结果表明,二者非常接近,相符较好。最终生成的离散元地基模型如图6-4所示。

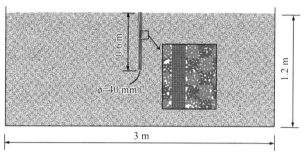

图 6-4　离散元地基模型

6.3　考虑开采温度场的锚固桩抗拔承载特性模拟方法

6.3.1　离散元法中的热固耦合理论

在离散元商业软件 PFC 中,热固耦合分析系统将颗粒视为若干个热量储存体,将颗粒间的接触视为热传递管道,如图6-5所示[185]。图中颗粒中心处的黑点代表该颗粒储存的热量,可用温度表征。颗粒间的中心连线代表热传递管道。当两颗粒接触或存在胶结时,热量可以在两颗粒间传递;当两颗粒相离时,热量无法在两颗粒间传递。热源处的热量由其附近的颗粒通过热传递管道逐渐向较远处传递。注意,本章热固耦合分析中并未考虑水的热传导效应,即它仅适用于颗粒间热传导系数远大于水的热传导系数的工况。

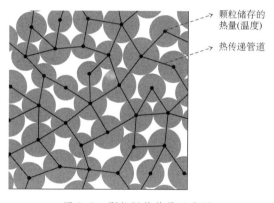

图 6-5　颗粒间热传导示意图

1. 连续介质热传导控制方程

假设传热介质的温度不受其自身变形影响,则该介质内热量传递可采用以下连续介质热传导方程描述:

$$-\frac{\partial \boldsymbol{q}_i}{\partial x_i} + q_v = \rho C_v \frac{\partial T}{\partial t} \tag{6-3}$$

式中,$\boldsymbol{q}_i$ 为介质的热传递矢量;q_v 为介质内部热源强度;ρ 为介质平均密度;C_v 为介质比热容;T 为温度。

介质的热传递矢量 $\boldsymbol{q}_i$ 与温度梯度之间的关系可由傅里叶定律描述:

$$q_i = -k_{ij} \frac{\partial T}{\partial x_j} \tag{6-4}$$

式中，k_{ij} 为热传导张量。

2. 热传导控制方程的离散化

对于体积为 V 的代表性单元，单位体积的流出热量可以通过对热传递矢量 q_i 求导来计算。其中，热传递矢量导数的平均值可采用下式计算：

$$\left\langle \frac{\partial q_i}{\partial x_i} \right\rangle = \frac{1}{V} \int_V \frac{\partial q_i}{\partial x_i} dV \tag{6-5}$$

式(6-5)中的体积积分可根据高斯定理转化为面积积分：

$$\int_V \frac{\partial q_i}{\partial x_i} dV = \int_S q_i n_i dS \tag{6-6}$$

式中，n_i 为体积区域表面 S 的外法向矢量。当将热量的传递限制于所研究区域内的 n 个热传递管道时，式(6-6)中的面积积分可表达为：

$$\int_S q_i n_i dS = \sum_{j=1}^{n} q_i^j n_i^j \Delta S^j = \sum_{j=1}^{n} Q^j \tag{6-7}$$

式中，上标 j 表示与热传递管道 j 有关的数值；ΔS^j 表示热传递管道 j 的横截面积；Q^j 为管道 j 的热流功率，且有 $q_i^j \Delta S^j = Q^j n_i^j$。

将式(6-6)、式(6-7)代入式(6-5)中可得：

$$\left\langle \frac{\partial q_i}{\partial x_i} \right\rangle = \frac{1}{V} \sum_{j=1}^{n} Q^j \tag{6-8}$$

将式(6-8)代入式(6-3)，可得由热存储颗粒和热传递管道所组成的热量传递体系中热量的传递方程：

$$-\sum_{j=1}^{n} Q^j + Q_v = mC_v \frac{\partial T}{\partial t} \tag{6-9}$$

式中，Q_v 为热源强度；m 为所研究区域内热存储颗粒的总质量；C_v 为比热容。

3. 热传递管道热阻与介质热传递系数的关系

热传递管道可视为一个单维度的传热通道，该通道内的热流功率为：

$$Q = -\frac{\Delta T}{\eta l} \tag{6-10}$$

式中，ΔT 为该管道所连接两颗粒的温度差值；η 为该管道的单位长度热阻；l 为管道长度。η 与材料的宏观热传导系数 k 之间的关系推导如下。

在一定体积 V 内，热传递矢量 q_i 的平均值为：

$$\langle q_i \rangle = \frac{1}{V} \int_V q_i dV \tag{6-11}$$

当热量传递被限制于所研究区域内的热传递管道时,式(6-11)中的体积积分可认为是体积 V 内所有管道所对应热传递矢量 $\boldsymbol{q}_i$ 的平均值:

$$\langle \boldsymbol{q}_i \rangle = \frac{1}{V} \sum_{j=1}^{n} \boldsymbol{q}_i^j V^j = \frac{1}{V} \sum_{p=1}^{M} \boldsymbol{q}_i^j A^j l^j \tag{6-12}$$

式中,A^j 为管道 j 的横截面积;l^j 为管道 j 的长度。

管道内的热传递矢量为:

$$\boldsymbol{q}_i = \frac{Q \boldsymbol{n}_i}{A} \tag{6-13}$$

式中,$\boldsymbol{n}_i$ 是沿管道方向的单位矢量。

将式(6-10)代入式(6-13),则热传递矢量 $\boldsymbol{q}_i$ 可表达为:

$$\boldsymbol{q}_i = -\frac{\Delta T \boldsymbol{n}_i}{\eta l A} \tag{6-14}$$

假设热传递管道中的温度梯度与材料平均温度梯度 $\dfrac{\partial T}{\partial x_j}$ 相同,则可得:

$$\Delta T = n_j l \frac{\partial T}{\partial x_j} \tag{6-15}$$

将式(6-14)与式(6-15)代入式(6-12)可得:

$$\langle \boldsymbol{q}_i \rangle = -\left(\frac{1}{V} \sum_{j=1}^{n} \frac{l^j n_i^j n_j^j}{\eta^j} \right) \frac{\partial T}{\partial x_j} \tag{6-16}$$

结合式(6-4)中的傅里叶定律,热传导张量 $\boldsymbol{k}_{ij}$ 与单位长度热阻 η 的关系可由下式计算:

$$\boldsymbol{k}_{ij} = \frac{1}{V} \sum_{j=1}^{n} \frac{l^j n_i^j n_j^j}{\eta^j} \tag{6-17}$$

对于二维颗粒材料传热体系,假设各传热管道的单位长度热阻 η 相同,取材料整体的热传导系数:

$$k = \frac{1}{2}(k_{11} + k_{22}) = \frac{1}{2V\eta} \sum_{j=1}^{n} l^j \left[(n_1^j)^2 + (n_2^j)^2 \right] = \frac{1}{2V\eta} \sum_{j=1}^{n} l^j \tag{6-18}$$

则各传热管道的单位长度热阻 η 可表示为:

$$\eta = \frac{1}{2Vk} \sum_{j=1}^{n} l^j \tag{6-19}$$

在离散元数值模拟中,根据材料的宏观热传导系数 k,通过式(6-19)换算可得到单位长度热阻 η,进而用于计算各传热通道的热量传递。

6.3.2 稳态温度场的离散元模拟

图 6-6 所示为深海能源土地层中水合物热开采的示意图。图中,加热线圈对地层土

体加热,土体内部水合物会随热量向外扩散而逐渐发生分解。在本章研究深度范围内,地层的初始温度和水压分别为均匀的15℃和17 MPa。地层右边界的热源温度设为水合物热开采中常用的热源温度,即100℃;在升温过程中,上、下、左边界的温度维持在初始环境温度,即15℃,表明地层与周围环境间的传热性能较好[186]。根据已有资料揭示的南海神狐区域含水合物地层的热传导特性[187],模型比热容 $C_v = 1\ 000$ J/(kg·℃),热传导系数 $k = 3.1$ W/(m·℃)。

图 6-6　水合物热开采示意图

图 6-7(a)所示为离散元数值模拟中的稳态温度场,每个热存储颗粒中心的黑点大小与该热存储颗粒温度成正比。从图中可以看出,从右往左,随着与热源距离的增加,各黑点尺寸逐渐减小。这与图 6-7(b)中的稳态温度场理论解[188]一致。图 6-8 进一步汇总了模型地基中两个不同深度处温度随与热源距离的关系曲线,可以发现,离散元模拟的温度场与理论解具有很好的一致性。综上,本章中的离散元热传导模拟可以很好地再现地基中的温度场。

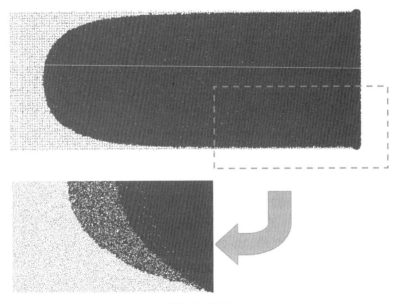

(a) 离散元分析结果

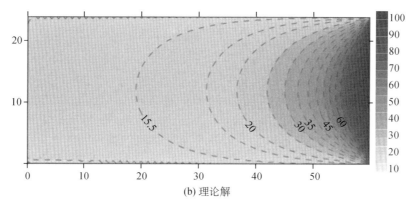

(b) 理论解

图 6-7 离散元模拟的稳态温度场(单位:℃)

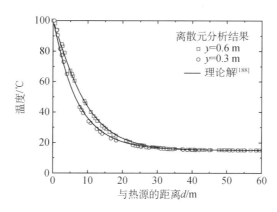

图 6-8 不同深度处温度随与热源距离的变化

6.3.3 稳态温度场中锚固桩上拔加载模拟工况

为研究锚固桩与热源的距离对锚固桩承载特性的影响规律,需要对地基中的温度场进行调整以反映距离的影响。为较好地消除边界效应,将所模拟的锚固桩设置在地基水平方向的中间位置处,如图 6-9 所示。然后将图 6-7(b)中理论温度场(即目标温度场)赋给离散元地基中的每个热存储颗粒,通过控制热源与锚固桩的距离来实现不同位置锚固桩的离散元模拟。热存储颗粒温度在赋值后计算至稳态温度场即可。验证结果表明,该稳态温度场与所设定的目标温度场符合很好。本章离散元模型中锚固桩与热源的距离分别为 $d=1,1.5,2,2.5,3,3.5\,\mathrm{m}$,对应于原型地基中的距离分别为 20,30,40,50,60,70 m。本章地基所处水压为 17 MPa,水合物分解时的临界温度约为 15.2℃,故在温度高于 15.2℃的区域,水合物胶结可以删除,而温度低于 15.2℃的区域则按照第 4 章中水合物胶温-压-力胶结模型中的温压依赖性对水合物胶结强度、刚度等模型参数进行调整,调整胶结接触参数后再次平衡,即达到指定稳态温度场下带锚固桩的地基初始状态。在图 6-9 中,稳态温度场最左侧"15.2℃"等值线以左区域可视为水合物赋存区。此外,本章还对水合物未分解与全分解两种极端情况进行模拟和对比分析。全分解对应于锚固桩与热

源距离 $d=0$ m 的工况,而未分解对应于锚固桩与热源距离 $d=\infty$ 的工况。

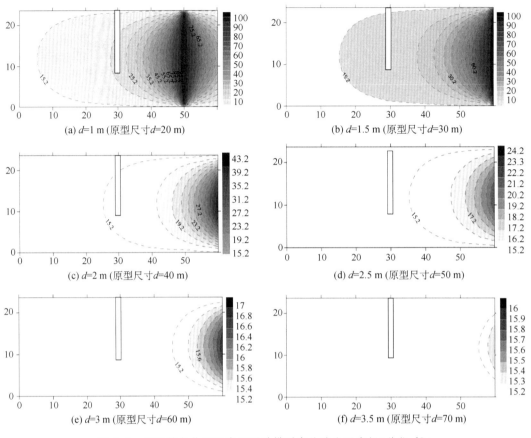

图 6-9 锚固桩与热源距离不同时模型中的稳态温度场(单位:℃)

6.3.4 锚固桩上拔加载方案

为模拟桩体在实际中同时承受竖向抗拔力和水平力的工况,本章采用位移控制式加载方法,对桩顶的两行颗粒同时施加大小相等的水平向右和竖直向上的准静态速度(10^{-4} m/s,模型)。需要说明的是,在前文的温度场分析中,热源置于锚固桩的右侧,即右侧区域内水合物胶结的弱化与消失更为显著,左侧区域相对较少,因此,加载方案中水平加载方向设为向右侧,属于最不利工况。

6.4 锚固桩抗拔承载特性

图 6-10 所示为桩-土颗粒间接触荷载的水平与竖向分解示意图。从图中可以发现,任意桩-土颗粒接触点的法向与切向接触力 F_{ni}、F_{si} 在水平与竖直方向上可投影为 F_{xi}、F_{yi},因此,桩体所承受的总水平力 F_x 可以通过桩周各颗粒接触点的水平力求和得到,桩体所承受的总竖向力 F_y 可以通过桩周各颗粒接触点的竖向力以及桩身自重求和得到。

由于本章中加载为准静态加载,以上计算方法得到的荷载与桩顶颗粒的不平衡力一致。此外,在整个加载过程中,实时统计了桩体与周围土颗粒接触处的水平力和竖向力,并沿桩身竖直方向均分为 8 份,计算每份上的法向(侧向)压力和竖向剪切应力以分析界面应力发展过程。注意,本章后续的模拟结果均已换算至原型数据。

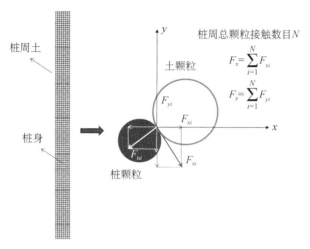

图 6-10 桩-土颗粒间接触荷载的水平与竖向分解

6.4.1 锚固桩上拔加载响应规律

图 6-11 所示为加载过程中桩体的位移-荷载曲线。由图 6-11(a)可知,当水合物完全分解时,竖向荷载先呈现较短的线性增加阶段,随后荷载增长率逐渐降低,竖向荷载达到稳定值。加载后期荷载有一定的波动,但竖向荷载曲线呈现硬化特征;当水合物未分解时,加载响应曲线则呈现出典型的软化特征。对于水合物部分分解的情形,随着锚固桩与热源距离的增大,相同竖向位移下竖向力逐渐增大,加载响应曲线从完全分解情况下的响应向未分解情况下的响应逐渐过渡。当锚固桩与热源距离小于或等于 40 m 时,各工况下完整的加载响应均接近水合物完全分解的情形。而当锚固桩与热源距离大于或等于

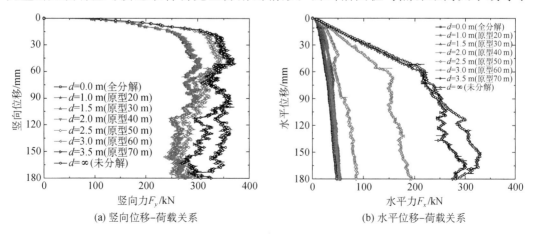

(a) 竖向位移-荷载关系   (b) 水平位移-荷载关系

图 6-11 桩体位移-荷载响应曲线

50 m时,加载响应初始阶段接近水合物未分解的情形;而峰后软化阶段的竖向力逐渐接近水合物完全分解的情形,这是由于桩体两侧土体内的水合物胶结随着桩土相对位移的增大而逐渐发生力学破坏,相应的锚固桩竖向承载力逐渐减小。

由图6-11(b)可知,各工况下锚固桩的水平荷载曲线基本表现为典型的硬化特征。随着锚固桩与热源距离的增大,同一水平位移下的水平力逐渐增大,且水平荷载曲线从水合物完全分解情况下的响应向未分解情况下的响应逐渐过渡。当锚固桩与热源距离不大于40 m时,各工况下水平荷载曲线无明显的初始线性段,而是在加载初始阶段就呈现出缓慢增加并逐渐稳定的趋势,与水合物完全分解的情形相一致;当锚固桩与热源距离不大于60 m时,水平荷载曲线初始阶段有明显的线性增长特征,随后水平荷载曲线发生明显转折并呈现逐渐稳定的趋势。

图6-12、图6-13给出了已有研究者在砂性土地基的室内模型试验[189]与有限元分析[190]中所获取的桩体竖向位移-荷载、水平位移-荷载关系。注意,文献中桩体的加载方式为应力加载方式,即在桩顶逐级加力,加载方向为倾斜向上,与水平方向呈30°~45°。对比发现,本节离散元模拟中的位移-荷载关系(如相似于砂性土地基的水合物完全分解情况)在规律上与已有室内模型试验、有限元分析结果相符。

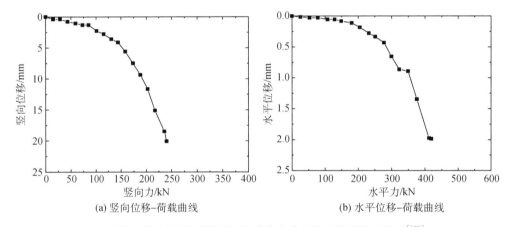

(a) 竖向位移-荷载曲线　　　　　　　(b) 水平位移-荷载曲线

图6-12　桩顶倾斜加载下位移-荷载关系的室内模型试验结果[189]

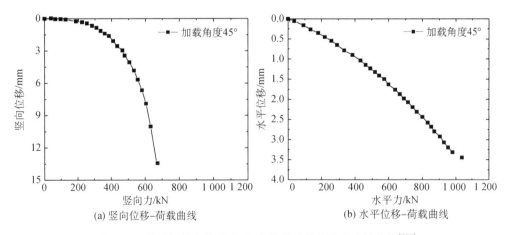

(a) 竖向位移-荷载曲线　　　　　　　(b) 水平位移-荷载曲线

图6-13　桩顶倾斜加载下位移-荷载关系的有限元分析结果[190]

6.4.2　抗拔承载力与桩到热源距离的关系

在实际工程中,在锚固桩的使用期内,一旦桩体在某方向上的工作性能发生变化,尽管在其他方向上仍可以正常工作,也应视为发生桩体破坏。因此,将图 6-11 中的桩体竖向位移-荷载曲线中的转折点对应的受荷状态(竖向位移 18 mm 左右)定义为桩的允许承载状态。此状态下桩体所承担的水平力与竖向力的合力,可视为桩体的抗拔承载力。图 6-14 总结了各工况下锚固桩抗拔承载力 F_{anchor} 与桩到热源的距离 d 之间的关系曲线,可采用以下公式进行拟合:

$$F_{anchor} = a_1 + \frac{a_2 - a_1}{1 + e^{(d-a_3)/a_4}} \tag{6-20}$$

式中,a_1—a_4 为拟合参数;a_1、a_2 分别表示锚固桩区域内水合物完全分解与未分解两种极端工况下桩的抗拔承载力。

由图 6-14 可知,热源对锚固桩承载力的影响主要集中在热源附近的一定范围之内。当桩与热源距离小于 40 m 时,桩的承载性能基本上与无水合物赋存地层的桩基承载特性一致;当桩与热源距离大于 70 m 时,热源对桩的承载力的影响较小;当桩与热源距离在 40～70 m 之间时,桩的承载力随与热源距离的增大急剧变化。注意,该距离范围与稳态温度场的空间分布有关,而这又取决于地基的热传导性质。因此,在设计水合物开采区锚固桩与热源开采井的安全距离时,应充分考虑热源的温度、海床的热传导特性、水合物的赋存温压状态等因素。

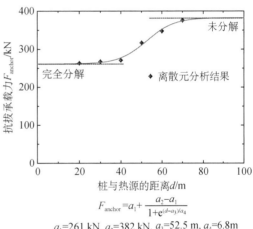

$$F_{anchor} = a_1 + \frac{a_2 - a_1}{1 + e^{(d-a_3)/a_4}}$$

a_1=261 kN, a_2=382 kN, a_3=52.5 m, a_4=6.8m

图 6-14　抗拔承载力随桩与热源距离的变化关系

6.4.3　桩-土界面应力变化规律

图 6-15—图 6-17 分别给出了水合物完全分解、桩距热源 40 m 及水合物未分解三种典型情况下,桩顶的水平位移分别为 10,45,90,150 mm 时桩-土接触面的法向和切向应力分布情况。其中,法向应力以桩身受压为正,切向应力以桩身受力向下为正。在以上三种典型工况下,桩-土界面应力分布规律呈现以下四个特征:

(1)随着深度的增加,桩左侧法向压力逐渐增大,而桩右侧法向压力先增大后减小,左侧法向压力最大值出现在桩体底部,而右侧法向压力最大值出现在桩体中部;

(2)桩侧摩阻力随深度的变化规律与桩侧法向压力类似;

(3)随着加载的进行,桩左侧法向压力表现出逐渐减小的趋势,且顶部减小最为明显,而桩右侧法向压力变化趋势与之相反;

(4)随着加载的进行,桩左侧摩阻力主要表现出减小的趋势,而桩右侧摩阻力仅在顶部略有减小,总体变化较小。

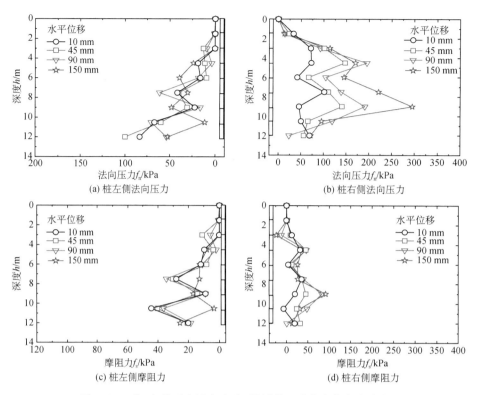

图 6-15　桩-土界面土压力分布(锚固桩区域水合物完全分解)

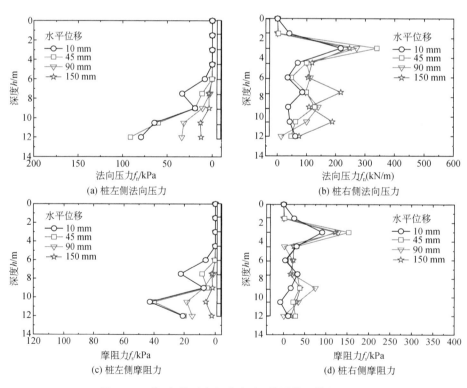

图 6-16　桩-土界面土压力分布(锚固桩距热源 40 m)

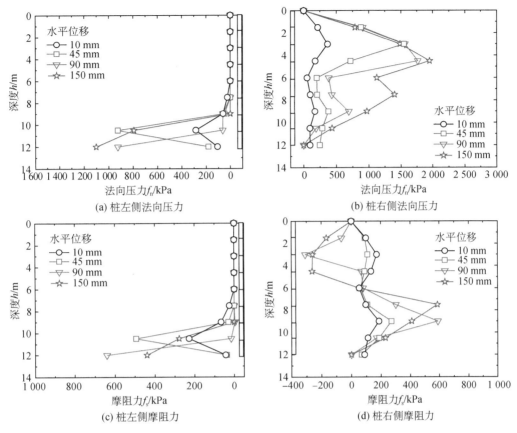

(a) 桩左侧法向压力   (b) 桩右侧法向压力

(c) 桩左侧摩阻力   (d) 桩右侧摩阻力

图 6-17　桩-土界面土压力分布(锚固桩区域水合物未分解)

6.5　锚固桩上拔过程中周围地层宏微观响应规律

6.4 节着重分析了加载过程中桩体的主要宏观力学响应,本节将结合加载过程中不同阶段的土体位移场、准静态速度场、平均纯转动率场、应力场、水合物胶结破坏特征以及应力与应变路径变化等宏微观信息,分析锚固桩与热源的距离对锚固桩周围地层宏微观响应的影响规律。首先将整个地基划分为 10×20 的正方形网格,并在每个网格中心处布置一个测量圆,测量加载过程中各特征点的位移、应力、应变、平均纯转动率等。注意,在加载过程中,这些测量圆的位置均跟随初始时刻网格中心处的颗粒实时变化。

6.5.1　锚固桩上拔过程中的地基变形与运动响应

1. 位移场

图 6-18 所示为锚固桩与热源在三种典型工况下(0 m—水合物完全分解、40 m、 $+\infty$ —水合物未分解)地基中水平位移分布情况。图中所示的水平位移以向右为正,向左为负。由图可知,地基整体以向右的水平位移为主,且主要发生在与桩体相互作用的表层土区域内。对比三种典型工况下地基中水平位移场可以发现,随着锚固桩与热源距离的

增大(水合物由完全分解过渡为未分解):①锚固桩左侧地基的影响区域逐渐减小,且水平位移值也逐渐减小,这是因为左侧地基中水合物胶结作用增强,地基自稳能力提高;②锚固桩右侧地基的主要影响区域和水平位移值逐渐增大,影响范围与图6-9中的水合物赋存区(15.2℃等值线以左区域)范围基本一致,这表明锚固桩右侧含水合物的区域更容易发生整体滑移,即作为一个整体有较为一致的水平位移。

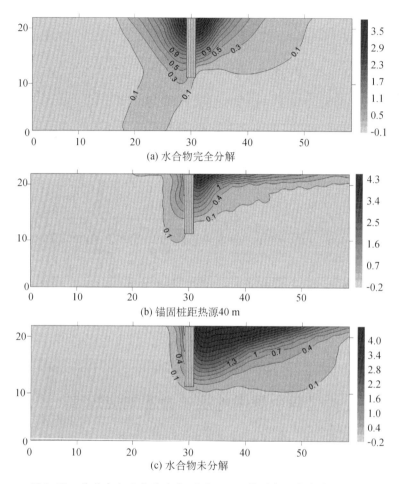

(a) 水合物完全分解

(b) 锚固桩距热源40 m

(c) 水合物未分解

图6-18 地基中水平位移分布(单位:mm,桩顶水平位移为90 mm)

图6-19所示为锚固桩与热源在三种典型工况下(0 m—水合物完全分解、40 m、+∞—水合物未分解)地基中竖向位移分布情况。图中竖向位移以向上为正,向下为负。由图可知,由于桩体有向右上方的位移,桩体两侧土体均表现出明显的向上位移,桩体底部的土体也由于土体间的带动作用而产生较小的向上位移。此外,桩体右侧土体的竖向位移要明显大于左侧土体的竖向位移,这是由桩体对右侧区域土体的挤压作用引起的。

三种典型工况下地基中的竖向位移场随着锚固桩与热源距离的增大而呈现的演化规律与图6-18中的水平位移场一致。需要说明的是,当水合物完全分解时,桩顶左侧土体有一定的向下位移,这是其他两种工况中没有的现象,这是因为桩顶向右运动时,左侧土体发生侧向卸荷,而在水合物完全分解的工况下,土颗粒间没有胶结作用,相对松散,因此侧向卸荷会使得该区域土体发生塌陷,从而引起向下的位移;而当土颗粒间存在水合物胶结时,土体的自稳能力相对较强,不会由于侧向卸荷而发生塌陷变形。

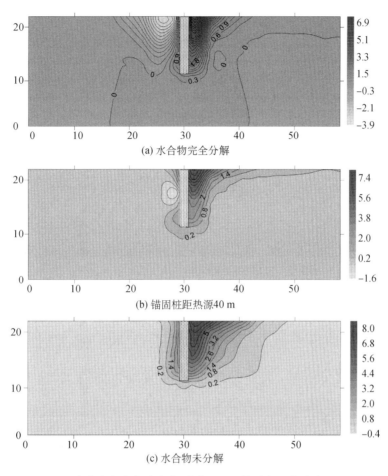

图 6-19　地基中竖向位移分布(单位:mm,桩顶水平位移为 150 mm)

2. 准静态速度场

准静态速度场可用于进一步分析地基受扰动情况,其绘制步骤如下:①计算出某一时间段内地基中每个颗粒在 x 和 y 方向上的平均速度;②计算每个颗粒的平均速度大小和方向;③找出该时段内试样中颗粒的最大速度 $\bar{v}_{max}$;④将速度大小在 $0 \sim \bar{v}_{max}$ 范围内均分为 7 份,每个颗粒的速度箭头根据其大小赋予不同颜色。图 6-20 所示为锚固桩与热源在三种典型工况下(0 m—水合物完全分解、40 m、$+\infty$—水合物未分解)地基中的准静态速度场分布情况。由图可知,当锚固桩与热源距离不同时,地基呈现不同的准静态速度场分布。当地基内水合物完全分解时,桩体两侧自桩顶向桩底的倒三角形区域的速度最大,且土体离桩体越近,其速度越大;当桩体距热源 40 m 时,地基中速度较大的区域主要集中在桩体右侧的水合物赋存区内;当地基中水合物未分解时,速度较大的区域也主要集中在桩体右侧,并形成一个较为稳定的倒三角形区域,尽管区域边界不规整。

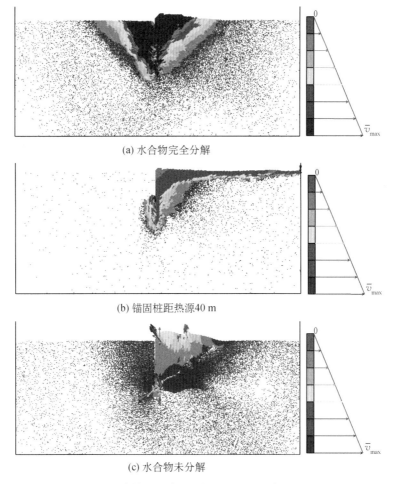

(a) 水合物完全分解

(b) 锚固桩距热源40 m

(c) 水合物未分解

图 6-20　准静态速度场(桩顶水平位移为 150 mm)

3. 平均纯转动率场

图 6-21 所示为锚固桩与热源在三种典型工况下(0 m—水合物完全分解、40 m、+∞—水合物未分解)地基中的平均纯转动率(APR)分布。图中正负表示不同的转动方向。由图可知,地基中 APR 较大区域主要集中在锚固桩两侧的附近区域,与位移场规律基本一致。

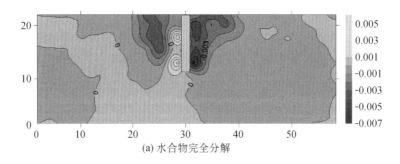

(a) 水合物完全分解

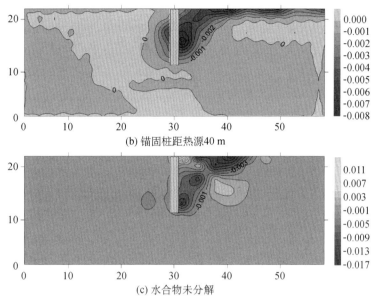

(b) 锚固桩距热源40 m

(c) 水合物未分解

图 6-21　土体 APR 场(桩顶水平位移为 150 mm)

6.5.2　锚固桩上拔引起的地基胶结破坏

图 6-22 所示为锚固桩距热源 40 m、50 m 及锚固桩区域内水合物未分解三种工况下地基中的胶结破坏点分布情况。

当锚固桩距热源 40 m 时,桩体右侧水合物赋存在地基表层的较小区域内,因此对锚固桩承载特性的影响相对较小,即当该部分土体的强度尚未完全发挥时,就已经发生抗拔破坏。也就是说,锚固桩传递到土体的荷载较小,不足以引起该部分土体内的水合物胶结发生大量破坏,故胶结破坏较少,且主要集中在桩体顶部区域的两侧,如图 6-22(a)所示。

当锚固桩距热源 50 m 时,桩体右侧区域的水合物赋存区域较大,对锚固桩承载特性的影响较大。由图 6-22(b)中的胶结破坏分布可以看出,桩底右侧的地基发生水平开裂现象,并逐渐延伸至右侧的水合物分解区域;之后,靠近桩体顶部的地基也发生开裂现象,并逐渐延伸至下侧的水合物分解区域。这是因为地基受锚固桩上拔影响的范围相对较大,发生胶结破坏的范围也较大。

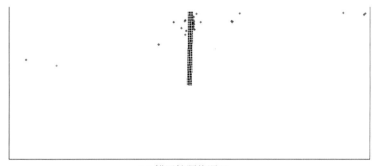

(a) 锚固桩距热源40 m

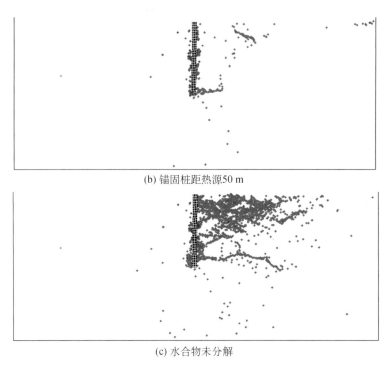

(b) 锚固桩距热源50 m

(c) 水合物未分解

图 6-22　地基胶结破坏场(桩顶水平位移为 150 mm)

当锚固桩区域内水合物未分解时,桩底右侧的地基也发生水平开裂现象,随后,大量位于水平裂缝上部的桩体顶部区域内的水合物胶结破坏,且破坏范围逐渐扩大,最终发展成自桩顶向桩底的倒三角形区域。桩底左侧局部区域也有胶结集中破坏现象。

6.5.3　锚固桩上拔引起的地基应力变化

1. 应力场

图 6-23 所示为锚固桩距热源 50 m 时不同上拔位移对应的地基主应力矢量分布情况。图中十字长、短轴分别代表大、小主应力方向,箭头方向为受压方向,轴的长短表示主应力的大小。由于初始自重应力作用,加载前地基内大主应力主要为竖直方向,小主应力主要为水平方向。

由图 6-23(a)可知,在加载初期(上拔位移为 10 mm),桩周附近土体发生明显的应力偏转现象:桩顶右侧附近区域土体的主应力方向发生 90°偏转,这是因为桩顶向右侧挤压该区域内的土体,产生较大的水平应力,且数值上远大于土体的竖向自重应力,因此,大主应力方向由初始的竖直向演变为水平向;桩底左侧附近土体主应力也发生较大偏转,这是因为桩体底部会向左侧挤压地基,同时会向上剪切地基,使得该区域内土体的主应力发生图中所示的主应力偏转。由图 6-23(b)可知,当上拔位移达到 45 mm 时,桩顶右侧土体发生主应力方向变化的区域明显扩大,桩顶附近土体的应力大小甚至超过地基底部。其他工况下地基中的应力变化均呈现相似规律,此处不再赘述。

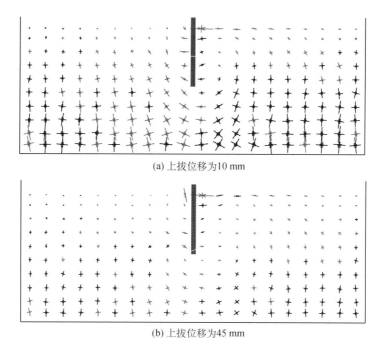

(a) 上拔位移为10 mm

(b) 上拔位移为45 mm

图 6-23 锚固桩距热源 50 m 时不同上拔位移对应的地基应力场

2. 应力路径

为记录桩基加载过程中土体内的应力变化过程,在地基中选取如图 6-24 所示的 8 个代表性特征点,探讨特征点处应力路径的变化规律。

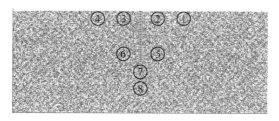

图 6-24 测点布置图

如图 6-25 所示,当水合物完全分解时,特征点①、②位于锚固桩顶部右侧,其球应力逐渐增大,而剪应力先减小后增大,表现为典型的侧向加载现象。据此推测:剪应力最小时特征点主应力方向由竖直向过渡为水平向;特征点④、⑤位于桩顶左侧,其剪应力先增大后减小,球应力则逐渐减小,表现为典型的侧向卸载现象;特征点⑤位于桩底右侧,其球应力逐渐减小,这是因为加载过程中桩身表现为绕桩底以下某点转动,因此桩身上半部分附近的土体形成了土拱效应,桩身底部附近的土体产生应力卸载现象;特征点⑥位于桩底左侧,其球应力减小,这是因为桩身向右移动所致;特征点⑦位于桩体底部,其球应力与偏应力均先逐渐减小,这是由于桩体上拔引起了竖向卸载,而后球应力继续减小,偏应力逐渐增大,表现出侧向卸载现象,这是由桩体向右移动对靠近其底部土体的侧向带动作用引起的;特征点⑧位于桩体底部较深处,其偏应力与球应力均逐渐减小,呈现出竖向卸荷的规律。

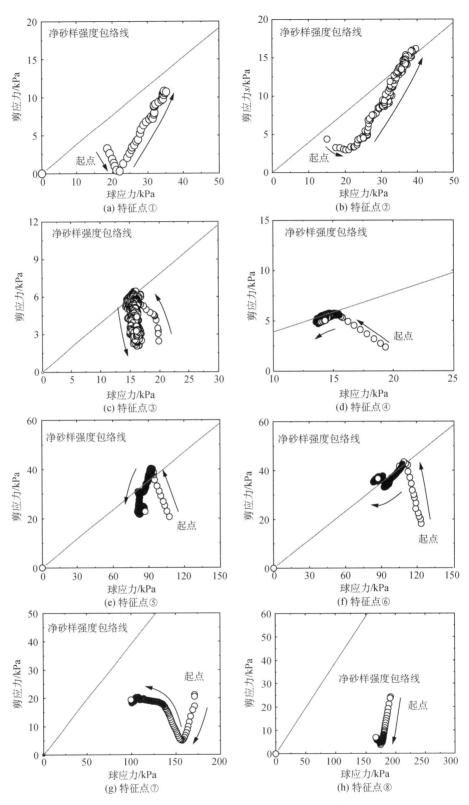

图 6-25 水合物完全分解时各特征点处的应力路径

如图 6-26 所示,当锚固桩距热源 40 m 时,桩顶右侧的特征点①、②的剪应力先减小后增大,球应力逐渐增大,与完全分解时的规律一致;桩顶左侧的特征点③、④的球应力逐渐减小,剪应力逐渐增大,表现为典型的侧向卸载现象;桩底右侧的特征点⑤的球应力一直减小,这也是由土拱效应引起的(与完全分解工况一致);特征点⑥的球应力卸载现象也与完全分解工况一致;桩体底部的特征点⑦、⑧的偏应力先减小后增大,球应力逐渐减小,表现为典型的初始竖向卸载而后侧向卸载现象,与完全分解工况一致。

如图 6-27 所示,当地基土体内水合物未分解时,桩顶右侧的特征点①、②的剪应力先减小后增大,球应力逐渐增大,同前述两种工况一致;桩顶左侧的特征点③、④受加载影响较小,其剪应力与球应力均在初始值附近波动;桩底右侧的特征点⑤的球应力明显减小,表现为典型的卸载现象,桩底左侧的特征点⑥的球应力与剪应力均有所增大,表现为典型的加载现象;桩体底部的特征点⑦、⑧的球应力明显减小,同前述两种工况基本一致。

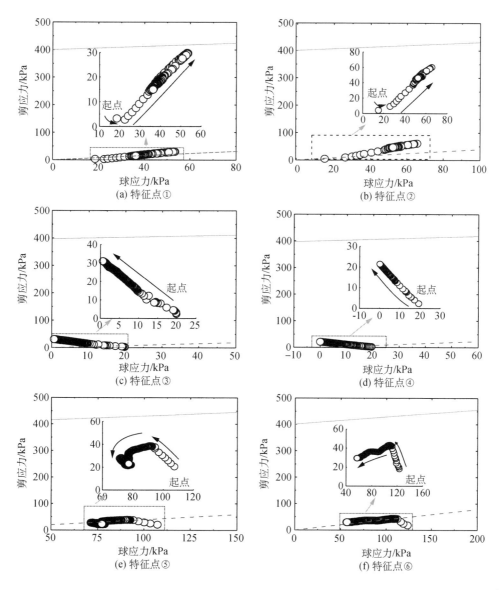

(a) 特征点①

(b) 特征点②

(c) 特征点③

(d) 特征点④

(e) 特征点⑤

(f) 特征点⑥

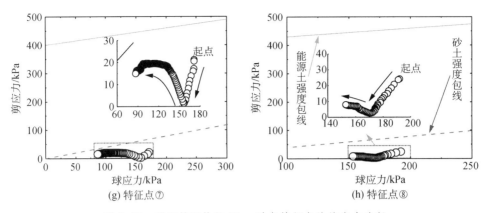

(g) 特征点⑦ (h) 特征点⑧

图 6-26 锚固桩距热源 40 m 时各特征点处的应力路径

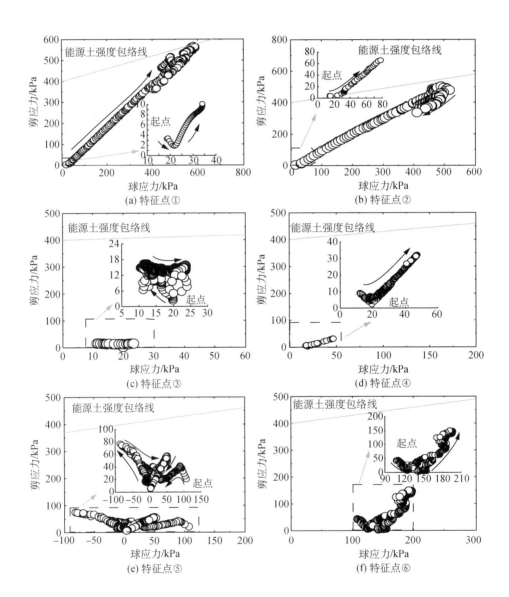

(a) 特征点① (b) 特征点②

(c) 特征点③ (d) 特征点④

(e) 特征点⑤ (f) 特征点⑥

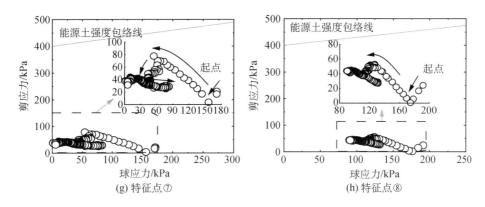

图 6-27 水合物未分解时各特征点处的应力路径

综合图 6-25—图 6-27,总结如下:①三种工况下各特征点的应力路径在试验初始阶段都较为接近,但在加载后期存在部分差异;②三种工况下特征点①、②均表现为典型的侧向加载现象,特征点⑦、⑧均表现为典型的初始竖向卸载现象,其中特征点①、②所代表的桩体右侧区域为地基中的危险区域;③在水合物未分解工况下,特征点③、④受加载影响最小,应力状态变化最小。

6.6　本章小结

本章采用针对深海能源土所建立的温-压-力耦合微观胶结模型,结合热-力耦合离散元模拟技术,开展了水合物升温开采中不同热源距离下深海锚固桩抗拔、抗水平力的承载试验离散元模拟,通过对加载过程中深海能源土地基位移场、准静态速度场、平均纯转动率场、胶结破坏分布、应力场、应力路径等宏微观信息的系统分析,深入探讨了不同工况下深海能源土地基承载能力的发挥过程。总结出的以下两点结论对实际水合物开采工程具有指导和参考价值。

(1) 热源对桩体承载力的影响主要集中在热源附近一定距离内,当桩体与热源间距离大于该临界距离时,热源对锚固桩承载力的影响较小;当桩体与热源距离小于 40 m 时,桩体承载性能与无水合物赋存地层的桩基承载性能基本一致,此时桩体工作状态较为危险。锚固桩的极限承载力同其与热源间距离的关系可通过式(6-20)描述。

(2) 当深海区锚固桩同时受到竖向抗拔力与水平荷载时,锚固桩与热源间距离对位移-荷载曲线的影响有以下特征:桩体所承受的竖向荷载与水平荷载在初始阶段呈现线性增大的规律,当位移增加到某一临界值时,力-位移曲线出现转折点,之后位移继续增加,竖向力基本维持不变或稍微减小,而水平力随位移的增长速率较为缓慢。

本章内容是采用离散元法模拟实际岩土工程问题的一个具体案例,其中所应用到的建模方法、模拟技巧、结果分析与解读对同类工作具有一定的指导和参考价值。在此基础上,针对深海锚固桩还需进一步开展三维离散元模拟及水合物开采导致桩土界面弱化机理等研究,以更好地再现深海复杂环境下实际工程场景中的力学问题。

本章研究方法和结论也可为其他相关海洋岩土工程的研究提供借鉴,如开采井与平台基础的相对位置关系设计、水合物开采风险分析、水合物开采后场地的加固范围确定等;对涉及热-力耦合的工程问题也具有一定启发价值,如冻土区桩基工程。

7　水合物赋存区海底滑坡的流固耦合模拟

　　本章在前述内容基础上,利用静、动深海能源土温-压-力微观胶结模型和流固耦合技术模拟水合物分解以及海底地震所致海底滑坡,详细介绍含水合物地层在不同位置、不同范围水合物分解情况下导致的海底滑坡以及地震导致的海底滑坡的滑动过程、滑动模式、滑动体量耗散,模拟结果可为海底滑坡机理分析、风险评估提供参考。

7.1　工程背景

　　地震、水合物分解、人类工程活动等可引起海底滑坡,可能导致海底电缆中断、管道破坏以及海啸等一系列灾害。水合物赋存区与地震多发区、海底滑坡区的空间位置重叠性决定了水合物与海底滑坡的高相关性。一方面,水合物开采活动可能处于地震诱发滑坡高危区;另一方面,水合物分解本身也可能诱发大规模滑坡灾害。由于海底滑坡难以全面勘测,更无法捕捉其起动、发展、稳定全过程,当前研究多集中于滑坡体形态识别、诱因反演方面,而对海底滑坡的诱因及触发机理认识严重不足。在水合物赋存区由地震诱发的海底滑坡中,深海能源土的动力参数与上覆、下伏土层有明显差异,当前研究鲜有考虑深海能源土力学特性对海床边坡动力响应的影响。

　　我国南海北部白云地区水合物赋存区分布沿着大陆架向深海展开,水深逐渐从200 m过渡到1 700 m,如图7-1所示。得益于珠江口三角洲地貌的高度发育,该区域沉积速率高达160 cm/ka,高沉积速率促进了水合物的形成(欠固结土孔隙率较高,利于气体输送和储集)。该地区水合物稳定带距离海底表面50~200 m,厚度在10~25 m之间,

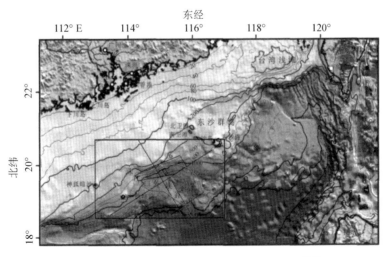

图 7-1　南海北部白云地区陆坡海底地形地貌[191]

具有明显的海底斜坡地形,图 7-2 给出了其局部区域地质剖面图。如何确保水合物安全开采且不触发海底滑坡是开采实践面临的研究重点和难点。该区域毗邻环太平洋地震带,如何评价地震作用下水合物开采区的滑坡风险也是开采实践中的重要关注点。

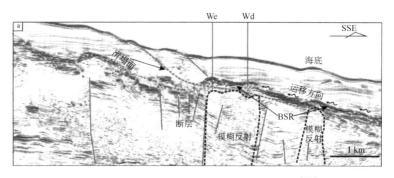

图 7-2　南海北部白云地区局部地质剖面图[192]

Zhang 等[193]通过离心机模型试验揭示了加热分解引起的海底滑坡体失稳的一些机制。与陆上边坡失稳触发机制不同,当前研究认为,水合物的分解或溶解引起能源土沉积物强度降低,进而引发海底滑坡的机制主要有两方面:①水合物分解或溶解后,水合物对沉积物的强度贡献消失;②水合物分解或溶解引起水合物甲烷气体的相变,继而产生超孔压,从而降低土体有效应力。Sultan[194]认为在实际自然环境中,水合物的胶结弱化比超孔压更容易引起沉积物失稳,从而产生滑坡等地质灾害,其理由为:①水合物分解或溶解产生的超孔压因现场渗透因素和温度变化速率的影响,往往比不考虑渗透的理论值小 20～30 倍;②水合物稳定区域底界因水合物分解产生超孔压后,水合物将产生自保护效应,从而阻碍进一步分解和孔压的增大;③因溶解度增加而使得水合物溶解产生的胶结弱化对水合物胶结型沉积物强度弱化贡献很大。笔者认为,即便在水合物商业开采过程中,甲烷气体在沉积物和盐水中的渗透性必须得到保证才能实现高效开采。换言之,开采过程中的超孔压不应很大,因此,水合物胶结弱化引起的海床地层失稳问题便成为首要研究问题。此处研究的对象是水合物胶结型深海能源土,该类型的深海能源土水合物胶结作用对强度的贡献非常明显,一旦水合物分解,其引起的地层力学特性劣化最为显著。

由于地震作用和海洋环境的复杂性,很难采用试验手段再现海底地震诱发滑坡的过程,当前对地震诱发海底滑坡的过程与机理的认识多基于海床地貌变化的反向推断,缺乏系统的力学分析。

从力学角度分析,水合物分解或地震作用导致的海底滑坡是典型的流固耦合过程,本章将采用基于离散元的流固耦合技术模拟研究水合物升温分解导致胶结强度弱化而诱发的海底滑坡过程以及简化地震作用导致的海底滑坡过程。

7.2　水合物赋存区海床斜坡模型的建立

本章以南海白云地区陆坡-深海平原转折区为原型进行模拟,如图 7-2 所示。斜坡顶部水深 1 000 m,坡高 600 m。水合物稳定带在坡面附近沿坡度分布,在深海平原上沿水平方向分布,在坡顶缺失。覆盖层埋深 100 m,水合物厚度为 150 m,水合物饱和度在 25%~48%之间。该区域海床表面温度在 2~6℃之间,地热梯度在 32~40℃/km 之间,本章选取海床表面温度为 4℃,地热梯度为 36℃/km。一般而言,在地震坡面上识别的陆坡坡脚都比较小,一般在 2°~22°之间。对于白云地区的海底滑坡而言,其滑坡根部坡度为 6°~14.5°,滑坡面总体坡度为 3°~6°,而滑坡前缘坡度小于 3°。值得注意的是,这是滑坡发生后的情况,而其原始坡度往往比滑坡面坡度要大,尤其是褶皱带位置,原始坡度很有可能到达 45°以上。因此,本章选取较大的原始坡度(45°)以研究实际地质环境中的最不利情况。

7.2.1　海床斜坡几何模型

　　受计算能力所限,离散元难以模拟原型尺寸的地基,需采用相似原理缩小模型尺寸,并采用增大重力加速度的方式还原应力场,本章选择相似比为 1 000。图 7-3 所示为斜坡和水合物赋存区模型。地基土体的颗粒级配为第 5 章中单元试验所采用的级配(粒径 6.0~9.0 mm),中值粒径 $d_{50}=7.6$ mm。离散元模型中斜坡顶部水深 $132d_{50}$(原型尺寸 1 000 m),斜坡前缘深海平原距离海面约 $211d_{50}$(原型尺寸 1 600 m),斜坡其他尺寸详见图示。水合物稳定带顶部埋深为 $13d_{50}$(原型尺寸 100 m),水合物厚度为 $20d_{50}$(原型尺寸 150 m)。流体模块的尺寸为 $921d_{50}$(原型尺寸 7 000 m)×$422d_{50}$(原型尺寸 3 200 m),四个边界均为压力边界(按静水压确定),共划分为 269×123 个流体网格。

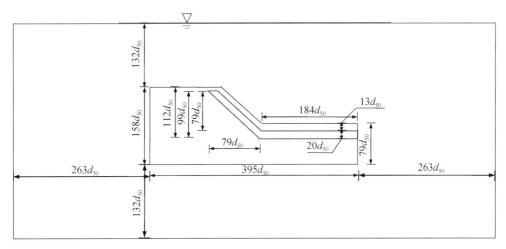

图 7-3　数值模型尺寸

7.2.2　离散元接触模型与参数

　　1. 深海能源土接触模型

　　本章采用笔者团队[195]提出的水合物胶结模型模拟水合物赋存区的沉积物力学特性,水合物胶结破坏后将退化为无胶结抗转动模型。水合物胶结接触模型的建模思想与方法详见第 6 章。根据图 7-3 所示的模型计算得到水合物稳定带上界温度为 5.2~9.2℃,底界温度为 11.2～18℃,则通过水深计算得到水合物稳定带上界水压为 11～17 MPa,底界水压为 12～18 MPa。

上述温压范围位于水合物稳定赋存温压范围内,故离散元模型中水合物赋存区初始温度和水压可根据地温梯度和深度方便地得出;在滑坡过程中,假设温度保持不变,而水压根据实际孔压确定。水合物密度取 0.9 g/cm³。模拟水合物分解导致滑坡时,采用 4.1 节介绍的深海能源土静力接触模型,水合物饱和度取较高值 50%;模拟地震导致的海底滑坡时,采用 4.4 节介绍的深海能源土动力接触模型,水合物饱和度取 25%～50%。

2. 非水合物赋存沉积物接触模型

模拟地区为陆坡-深海平原转折区,由三角洲的沉积作用引发的浊流会带来大量的砂砾土,这些以粉砂、细砂为主的碎屑土在生物作用下极易形成胶结砂土,在盐度较高的区域这一现象将更加明显。实际资料显示,该地区存在大量的碳酸盐胶结砂土,还存在大量的钙质生物黏土,与砂砾土结合后也会产生胶结砂土。本章采用 PFC2D 自带的点胶结模型模拟不含水合物的胶结砂土沉积物,图 7-4 给出了不同胶结强度下的黏聚力和内摩擦角。由于南海北部海相土的黏聚力范围为 3～15 kPa,内摩擦角范围为 14°～22°,在下文分析中选取胶结强度 1 kN/m 来模拟南海北部的胶结砂土沉积物,对应的土体黏聚力为 10 kPa,内摩擦角为 14.6°。

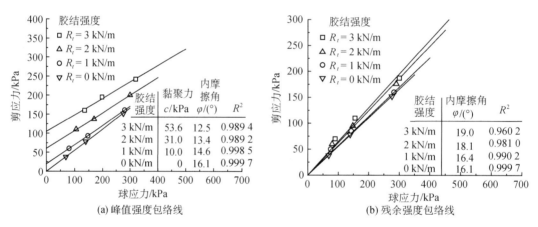

图 7-4 离散元模拟的胶结砂土强度包络线

7.2.3 离散元模拟中的流固耦合理论与流体参数

1. 计算流体力学控制方程

计算流体力学是基于流体力学基本控制方程,即连续方程、动量方程和能量方程,这些方程有着特定的物理原理,它们是所有流体力学都必须遵守的三大基本物理定律(质量守恒定律、牛顿第二定律和能量守恒定律)的数学表达式。本节简要介绍二维多孔介质中的流体力学控制方程。

根据质量守恒定律推导得出的流动控制方程称为连续方程。将质量守恒这一物理原理应用于固定体积元(图 7-5),可得到如下表述:单位时间内,通过体积元的质量净通量等于体积元内质量的变化量。

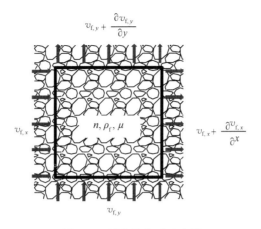

图 7-5　固定体积元示意图

$$\frac{\partial(n\rho_{\mathrm{f}})}{\partial t} = -\left[\frac{\partial(n\rho_{\mathrm{f}}v_{\mathrm{f},x})}{\partial x} + \frac{\partial(n\rho_{\mathrm{f}}v_{\mathrm{f},y})}{\partial y}\right] \tag{7-1}$$

式中，n 为孔隙率；ρ_{f} 为流体密度；$\boldsymbol{v}_{\mathrm{f}}$ 为孔隙中流体的平均速度（非达西速度）。式（7-1）也可表示为：

$$\frac{\partial(n\rho_{\mathrm{f}})}{\partial t} = -\nabla \cdot (n\rho_{\mathrm{f}}\boldsymbol{v}_{\mathrm{f}}) \tag{7-2}$$

将牛顿第二定律运用于流体模型所得到的控制方程称为动量方程。单位时间内，体积元内动量的增加有以下几个来源：通过表面流入的质量所携带的动量、表面应力引起的动量、颗粒对流体拖拽力引起的动量、各类体积力引起的动量。Anderson 等[196]于 1967 年将外力在体积元内取平均，进而推导得到了动量方程，在不考虑流体黏性时，该方程为：

$$\frac{\partial(n\rho_{\mathrm{f}}v_{\mathrm{f},x})}{\partial t} + \nabla \cdot (n\rho_{\mathrm{f}}v_{\mathrm{f},x}\boldsymbol{v}_{\mathrm{f}}) = -\frac{\partial P}{\partial x} - f_{\mathrm{int},x} + n\rho_{\mathrm{f}}g_x \tag{7-3}$$

$$\frac{\partial(n\rho_{\mathrm{f}}v_{\mathrm{f},y})}{\partial t} + \nabla \cdot (n\rho_{\mathrm{f}}v_{\mathrm{f},y}\boldsymbol{v}_{\mathrm{f}}) = -\frac{\partial P}{\partial y} - f_{\mathrm{int},y} + n\rho_{\mathrm{f}}g_y \tag{7-4}$$

式中，等号左边表示单位时间内动量变化量（注意，第二项为新流入质量所携带的动量）；等号右边表示单位时间内的冲量；P 为孔压，$f_{\mathrm{int},x}$、$f_{\mathrm{int},y}$ 分别为单位体积内流体与颗粒之间的平均相互作用力，负号表示约定该力作用在颗粒上为正；g_x、g_y 为重力加速度 $\boldsymbol{g}$ 的分量。

将热力学第一原理应用于流体模型的控制方程称为能量方程。对于体积元，可表述为：流体元内的能量随时间的变化率＝通过热传导进入流体元内的能量＋体积力、表面力和其他外力对流体元所做的功。

针对其他学者及本书对 N-S 方程的简化处理作如下讨论和说明：

（1）部分学者采用达西定律代替 N-S 方程控制流体的运动，例如 Shafipour 和

Soroush[197]。事实上,在定常情况下,N-S 方程可以成功推导至达西定律,因此,达西定律可以视为 N-S 方程的一种特例。目前,针对达西定律的适用范围还存在争议,但是普遍认为达西定律只适用于稳定层流(雷诺数 Re 较小的情况)。本章采用更一般的 N-S 方程作为流体运动方程。

(2)由于本章不考虑温度和压力的耦合,故流体运动只需要满足连续性方程和动量方程这两个流体控制方程。值得注意的是,此时能量守恒方程在热通量为零的情况下自动守恒。

(3)在满足(2)的情况下,二维流体控制方程有 $v_{f,x}$、$v_{f,y}$、ρ_f、P 四个变量,而控制方程只有三个(包括一个连续性方程和两个动量方程)。为了得到闭合方程组,需要对这些方程作出合适的假设或引入第四个方程。对于不可压缩流体,通常假设流体密度定常(ρ_f 为常数),将变量缩减为三个。然而,这种处理并不能描述流体体积应变引起的孔压。试想在不排水条件下,轴向加载必然引起流体孔压的变化,但是这个孔压的变化量与流动没有任何关系,因此,动量方程将完全不起作用,由于假设体积不变,故连续性方程也无条件满足(左右两端均为 0)。因此,在低渗透情况下,假设流体不可压缩并不能计算此时的超孔压。

2. 流体状态方程

任何物体(气体、流体和固体)都满足自身本构方程(对于流体也称为状态方程、物理方程),因此,流体控制方程除了满足连续性方程、流动方程之外,还需引入状态方程(本构方程)。Tait[198]针对淡水和海水开展了大量的压缩试验,总结了流体压力与体积的关系。Li[199]总结前人的试验数据,参照 Tait 提出的状态方程,得出如下经验公式:

$$\frac{\rho_f - \rho_{f0}}{\rho_f} = 0.315 \lg \frac{B_f + P}{B_f + P_0} \tag{7-5}$$

$$\frac{\rho_f - \rho_{f0}}{\rho_f} = (0.315 - 3.15 \times 10^{-4} s) \lg \frac{B_f^* + P}{B_f^* + P_0} \tag{7-6}$$

$$B_f = 2668 + 19.867T - 0.311T^2 + 1.778 \times 10^{-3} T^3 \tag{7-7}$$

$$B_f^* = (2670.8 + 6.89656s) + (19.39 - 0.0703178s)T - 0.223T^2 \tag{7-8}$$

式(7-5)、式(7-6)分别针对淡水和海水。式中,ρ_f 为压力 P(单位为 bar,1 bar = 10^5 Pa)下水的密度;ρ_{f0} 为压力 P_0(=1 bar)下水的密度;B_f、B_f^* 为拟合参数(bar);s 为海水浓度(‰);T 为水温(℃)。由于此处研究的重点是海水,故采用式(7-6)作为流体运动方程组的第四个方程。

3. 流体-颗粒间的相互作用力

流体-颗粒间的相互作用力 f_{int} 包括拖拽力、黏滞力、压差力、马格纳斯力、虚质量力等。在本章模拟的流固耦合过程中,起主要作用的是压差力 f_b、拖拽力 f_{drag} 和马格纳斯力 f_m,即

$$f_{int} = f_b + f_{drag} + f_m \tag{7-9}$$

（1）压差力

在二维代表性单元中，单位体积的颗粒集合体受到的流体压差力可表示为：

$$f_{\text{b}, x} = -(1-n) \frac{\partial P}{\partial x} \tag{7-10}$$

$$f_{\text{b}, y} = -(1-n) \frac{\partial P}{\partial y} \tag{7-11}$$

（2）拖曳力

即便是由形状规则的颗粒组成的多孔介质，也仍然没有合适的理论来求解作用在颗粒集合上的拖曳力。因此，目前多孔介质的拖曳力一般通过试验数据拟合获得。本章中，对于孔隙率小于 0.8 的颗粒集合，采用 Ergun[200] 提出的拟合公式描述单位体积颗粒集合受到的拖曳力：

$$f_{\text{drag}, x} = (1-n) \left[150 \frac{\mu(1-n)}{n \bar{d}_{\text{p}}^2} + 1.75 \frac{\rho_{\text{f}} \mid v_{\text{f}, x} - \bar{v}_{\text{p}, x} \mid}{\bar{d}_{\text{p}}} \right] (v_{\text{f}, x} - \bar{v}_{\text{p}, x}) \tag{7-12}$$

$$f_{\text{drag}, y} = (1-n) \left[150 \frac{\mu(1-n)}{n \bar{d}_{\text{p}}^2} + 1.75 \frac{\rho_{\text{f}} \mid v_{\text{f}, y} - \bar{v}_{\text{p}, y} \mid}{\bar{d}_{\text{p}}} \right] (v_{\text{f}, y} - \bar{v}_{\text{p}, y}) \tag{7-13}$$

式中，$\bar{d}_{\text{p}}$ 为代表性单元内颗粒的平均粒径；μ 为流体黏滞系数；$\bar{v}_{\text{p}}$ 为代表性单元内颗粒的平均速度。

对于孔隙率大于 0.8 的颗粒集合，采用 Wen 等[201] 提出的拟合公式：

$$f_{\text{drag}, x} = 0.75 \frac{(1-n) n^{-1.65}}{\bar{d}_{\text{p}}} C_{\text{D}} \rho_{\text{f}} \mid v_{\text{f}, x} - \bar{v}_{\text{p}, x} \mid (v_{\text{f}, x} - \bar{v}_{\text{p}, x}) \tag{7-14}$$

$$f_{\text{drag}, y} = 0.75 \frac{(1-n) n^{-1.65}}{\bar{d}_{\text{p}}} C_{\text{D}} \rho_{\text{f}} \mid v_{\text{f}, y} - \bar{v}_{\text{p}, y} \mid (v_{\text{f}, y} - \bar{v}_{\text{p}, y}) \tag{7-15}$$

式中，雷诺数 Re 在多孔介质中按照如下公式计算：

$$Re = \frac{n \rho_{\text{f}} \bar{d}_{\text{p}} \mid \boldsymbol{v}_{\text{f}} - \bar{\boldsymbol{v}}_{\text{p}} \mid}{\mu} \tag{7-16}$$

拖曳力系数 C_{D} 的经验公式为：

$$C_{\text{D}} = \begin{cases} \frac{24}{Re} (1 + 0.15 Re^{0.687}), & Re < 1\,000 \\ 0.44, & Re \geqslant 1\,000 \end{cases} \tag{7-17}$$

（3）马格纳斯力

在流体中旋转的颗粒将受到马格纳斯力，其作用如图 7-6 所示。图中 $\boldsymbol{v}_{\text{f-p}}$ 表示颗粒与流体间的相对速度，$\dot{\theta}$ 表示颗粒的旋转角速度，马格纳斯力的方向垂直于颗粒与流体间的相对速度方向。Tsuji 等[202] 总结前人大量的试验结果，认为单个颗粒的马格纳斯力大小可以表述为：

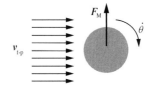

图 7-6　马格纳斯力作用示意图

129

$$|F_m| = \frac{\pi C_M \rho_f |v_{f-p}|^2 d_p^2}{8} \qquad (7-18)$$

式中，d_p 为颗粒直径；C_M 为马格纳斯力系数，可表达为：

$$C_M = f(\Gamma) \qquad (7-19)$$

式中，Γ 为无量纲角速度：

$$\Gamma = \frac{d_p \dot{\theta}}{2|v_{f-p}|} \qquad (7-20)$$

假设体积为 V 的体积元中包含 n 个颗粒，则单位体积元中颗粒受到流体的马格纳斯力 f_m 可表示为：

$$f_m = \frac{1}{V} \sum_{i=1}^{n} F_{m,i} \qquad (7-21)$$

Rubinow 等[203]在雷诺数 Re 小于 1 的情况下推导出马格纳斯系数的理论解：$C_M = 2\Gamma$。然而，该理论解只适用于雷诺数很小的情况，大部分学者仍然是通过测定流体内的

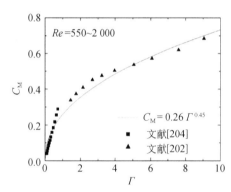

钟摆试验或颗粒掉落试验中颗粒的运动轨迹得到马格纳斯系数 C_M 与无量纲角速度 Γ 之间的关系。由于很难测定小雷诺数情况下马格纳斯效应中颗粒的运动情况，大部分学者通过试验得到的雷诺数都高于 10^4，这种条件下得到的马格纳斯力关系无法应用到岩土工程问题中。Tsuji 等[202]通过颗粒掉落试验得到一系列马格纳斯系数 C_M 和无量纲角速度 Γ 的试验数据，与 Barkla 等[204]的数据较好地构成雷诺数在 550～2 000 之间的试验数据，如图 7-7 所示，C_M 与 Γ 之间的关系可拟合为：

图 7-7　马格纳斯力系数 C_M 与无量纲角速度 Γ 的关系

$$C_M = 0.26 \Gamma^{0.45} \qquad (7-22)$$

7.2.4　海床斜坡数值模型建立步骤

（1）采用分层欠压法生成孔隙比为 0.27 的离散元计算模型。为制备出孔隙比较大的松散试样，在分层欠压过程中颗粒间的摩擦系数需设为 1.0，施加胶结后再将摩擦系数减小到 0.5。

（2）按照图 7-3 所示海床模型将斜坡外的颗粒挖除。

（3）在重力加速度 500g 下固结，固结过程中激活海相土颗粒间胶结模型（即颗粒间接触力学特性用胶结模型描述），且胶结能恢复，以此反映海相土在缓慢沉积过程中胶结的持续形成过程。同时，激活 CFD 模块以反映在水下完成该固结阶段。该阶段表示水合物未形成前的地基情况。该阶段完成后在图 7-3 所示的水合物赋存区内形成水合物胶结，

此时胶结稳定带初始上覆层厚度为 50 m(表示历史上初始形成水合物时的上覆层厚度)。

（4）在重力 1 000g 下固结,该阶段表示三角洲地区水合物形成后经历的快速沉积过程。最终,水合物胶结稳定带上覆层厚度为 100 m,即模型中水合物的上覆层厚度。图 7-8 给出了该阶段完成后地基中的力链分布。因深海能源土中水合物胶结可连接分离的颗粒,故水合物稳定带内力链密集。

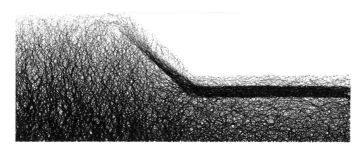

图 7-8 海床斜坡初始状态接触力链

在上述数值模型建立过程中,水合物在形成初始阶段并未承担土骨架受力,然而在后续沉积阶段,胶结型水合物逐渐承担受力,因此对土骨架强度有贡献。值得注意的是,目前尚无法明确水合物稳定带的初始上覆层厚度,此处选取的初始上覆层厚度只是一般性假设,目的是使水合物逐渐参与土骨架受力。虽然初始上覆层厚度的选取会影响水合物形成时土体的密实度,进而影响水合物胶结的数量和胶结厚度等微观信息,从而影响水合物强度,但这并不影响本章的主要目的,即全过程观察水合物分解导致的或地震诱发的海底沉积物滑坡形态。

本章采用离散元商业软件 PFC2D 作为离散元计算平台,采用 PFC2D 的用户自定义FISH 语言和 C++语言完成 CFD 模块编程并进行 CFD 和 DEM 交互。本章模拟的流体为盐度 3.5% 的海水(世界上海水的平均盐度,南海的盐度在 3.0%～3.5% 之间),流体的初始密度(1 标准大气压下)为 1 000 kg/m³,流体黏滞系数为 0.001 Pa·s。

在涉及流体作用的相似原理中,若将模型置于 ng 的重力场中,则模型中孔隙水压的消散时间为原型的 $1/n^2$,而惯性时间一般为原型的 $1/n$,二者时间比尺存在矛盾。通过模拟流体中颗粒自由沉降速率发现,在本章模型几何相似比为 1 000 的情况下,流体黏滞系数相似比取 1/4 000 可使得模型和原型达到自由沉降速率所需时间的比尺为 1/1 000,与重力惯性时间一致,由此在时间概念上更加符合本章所关注的滑坡起动、发展与稳定过程。因此,本章模拟流体黏滞系数取 4.0 Pa·s。

7.3 水合物分解诱发的海底滑坡

7.3.1 模拟工况

水合物分解诱发海底滑坡是通过去除特定区域水合物胶结作用实现的。本章将探讨水合物从坡顶、坡面和坡脚三个不同位置开始分解导致的海底滑坡触发和滑动过程。此外还考虑了水合物分解区域大小的影响。

图 7-9 给出了本节模拟海底滑坡的试验方案。其中,图(a)—(d)分别表示自坡顶开始分解且分解区域占斜坡能源土地层总面积比依次为 25%、50%、75% 和 100% 的情况;图(e)—(h)表示自坡面中间开始分解且分解区域占斜坡能源土地层总面积比分别为 25%、50%、75% 和 100% 的情况;图(i)—(l)表示自坡脚开始分解且分解区域占斜坡能源土地层总面积比分别为 25%、50%、75% 和 100% 的情况。值得注意的是,若自坡脚开始分解,则分解区域向坡面扩展的同时也会沿着坡脚外平坦区域扩展,如图(i)—(l)所示。

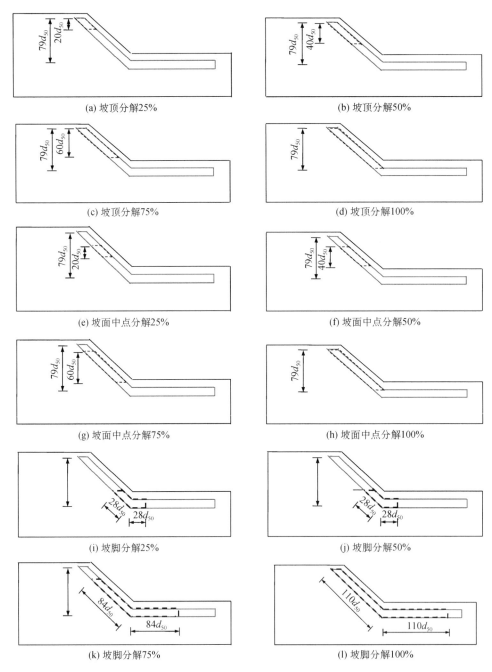

图 7-9 水合物分解诱发海底滑坡的模拟方案(图中虚线范围表示分解区域)

7.3.2 水合物分解诱发海底滑坡全过程响应规律

本节将从水合物分解诱发海底滑坡的网格变形、斜坡速度场、平均纯转动率场、流体运动场、超孔隙压力场、颗粒最大速度六个方面的响应探讨滑坡全过程,讨论中所述的时间、速率、几何尺寸等物理量均为原型数据。

1. 网格变形

图 7-10 给出了水合物分解后不同时刻的斜坡变形图,由图可知:①在水合物分解后的 10 s 内,斜坡并未发生显著变形[图(a)—(c)];当水合物分解 50 s 后,斜坡坡面出现轻微的隆起变形[图(d)];②当水合物分解 100 s 时,斜坡顶部出现明显的张拉裂缝,是滑坡开始形成的部位,该阶段为滑坡触发阶段[图(e)];③随着时间推移至 500 s,滑坡体出现,滑坡体内网格发生严重变形,对比变形图发现,从 $t=100$ s 到 $t=3\,000$ s,网格变形剧烈,为持续滑坡阶段[图(e)—(i)];④当 $t=6\,000$ s 时,网格变形与 $t=3\,000$ s 时相差不大,为滑坡终止阶段[图(j)]。

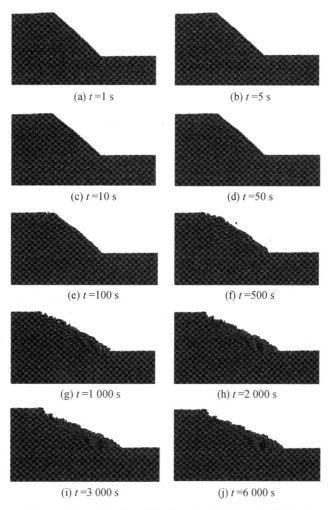

(a) $t=1$ s   (b) $t=5$ s

(c) $t=10$ s   (d) $t=50$ s

(e) $t=100$ s   (f) $t=500$ s

(g) $t=1\,000$ s   (h) $t=2\,000$ s

(i) $t=3\,000$ s   (j) $t=6\,000$ s

图 7-10　水合物全域分解诱发海底滑坡过程中的网格变形

图 7-11 和图 7-12 分别给出了南海北部白云地区海底滑坡[191]和本章模拟水合物分解诱发的海底滑坡地貌形态。由图可见,本节模拟的海底滑坡地貌形态具有实际海底滑坡的形貌特征,说明离散元模拟较好地反映了实际海底滑坡过程。离散元模拟中坡顶裂隙在实际海底滑坡中未观察到,这可能是因为实际海底滑坡中的裂隙经历长时间海洋过程而闭合或被填充。

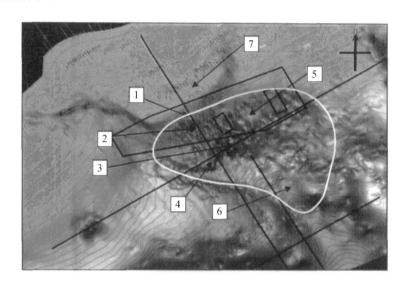

1—滑坡后壁;2—滑塌沟谷;3—变形滑坡体;4—未变形滑坡体;
5—滑坡台阶;6—沉积物流;7—陆架坡折。

图 7-11 南海北部白云海底滑坡地貌形态[191]

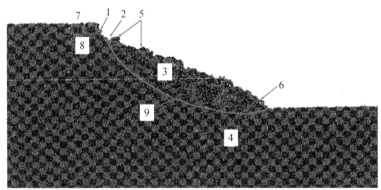

1—滑坡后壁;2—滑塌沟谷;3—变形滑坡体;4—未变形滑坡体;
5—滑坡台阶;6—沉积物流;7—陆架坡折;8—滑坡裂缝;9—滑动面。

图 7-12 离散元模拟水合物分解诱发的海底滑坡地貌形态

2. 斜坡速度场

图 7-13 给出了水合物分解后不同时刻的斜坡速度场。速度场由颗粒在相隔 1 s 时间内的位移计算得出。图中箭头方向表示颗粒运动方向,线段大小表示速度大小。由图可知:①在水合物分解 1 s 时,土体运动主要集中在水合物分解区域内,当 $t = 5 \sim 10$ s 时,分

解区域外侧的土体向斜坡表面运动,表明此时水合物赋存区底部土体发生卸载[图(a)—(c)];②当 $t=50\sim100$ s 时,土体准静态速度场开始集中分布于滑坡主体内部[图(d)、(e)];③当水合物分解 500 s 后,土体运动基本集中在滑坡主体内部,靠近根部的土体沿着坡面向下运动,滑坡前缘土体发生水平移动,且随着时间的推移,滑坡体内的速度逐渐减小[图(f)—(i)];④当 $t=6\,000$ s 时,滑坡体内土体准静态速度为零,表明此时滑坡终止。

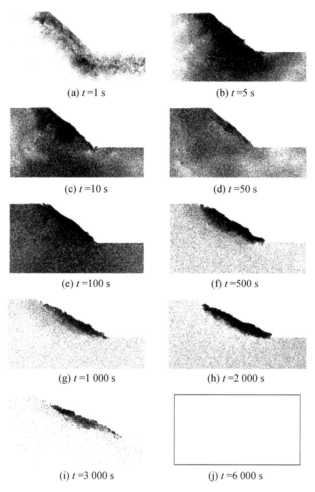

(a) $t=1$ s

(b) $t=5$ s

(c) $t=10$ s

(d) $t=50$ s

(e) $t=100$ s

(f) $t=500$ s

(g) $t=1\,000$ s

(h) $t=2\,000$ s

(i) $t=3\,000$ s

(j) $t=6\,000$ s

图 7-13　水合物全域分解诱发海底滑坡过程中的斜坡速度场演化

3. 平均纯转动率场

图 7-14 给出了水合物全域分解诱发海底滑坡全过程平均纯转动率(APR)场演化情况。由图可知:①在水合物分解初始阶段($t<5$ s),颗粒转动主要集中分布在水合物分解区域;②随着滑坡的起动和滑坡的持续进行(5 s$<t<6\,000$ s),颗粒转动逐渐集中分布在滑坡主体内;③当 $t=6\,000$ s 时,整个试样内无颗粒转动,表明此时滑坡已经终止。

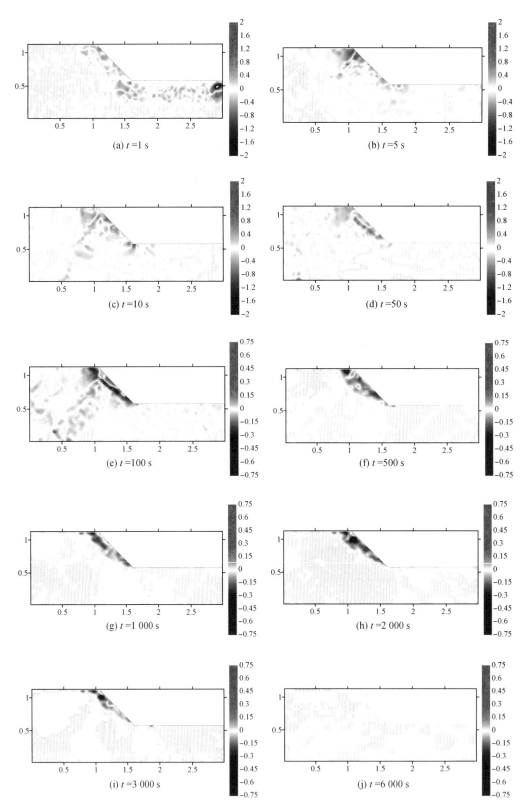

图 7-14　水合物全域分解诱发海底滑坡过程中的 APR 场演化(模型尺寸单位为 km)

4. 流体运动场

图7-15给出了水合物分解后不同时刻的流体运动场分布情况。图中,箭头方向表示孔隙流体平均流动方向,线段大小表示流速大小。由图可知:①当水合物分解1s后,水流主要集中分布在水合物分解区域内,且呈现从水合物分解区域向外流动的趋势,表明此时该区域的孔压较大[图(a)];②当$t=5\sim10$ s时,水流逐渐遍布整个流场,且呈现从斜坡向海洋流动的趋势,这是由于该阶段因水合物分解而产生固结沉降,孔压向外消散引起渗流[图(b)、(c)];③随着滑坡的起动($t=100$ s),水流逐渐集中分布在滑坡主体周围,在滑坡主体的带动下,水流沿着斜坡面向下运动,而在斜坡根部,水流向滑坡体内部流动,不同于前两个阶段由孔压消散引起的流动,该阶段的水流主要由土体-水流的相互作用引起[图(d)、(e)];④随着滑坡的持续进行,水流逐渐转变为集中在滑坡主体周围,且水流速度逐渐减小[图(f)—(i)];⑤当滑坡终止时,水流速度基本为零[图(j)],这也再次证明了滑坡前进过程中的水流运动主要由滑坡主体带动。

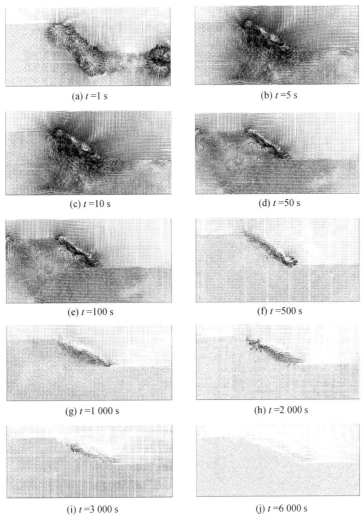

(a) $t=1$ s

(b) $t=5$ s

(c) $t=10$ s

(d) $t=50$ s

(e) $t=100$ s

(f) $t=500$ s

(g) $t=1\,000$ s

(h) $t=2\,000$ s

(i) $t=3\,000$ s

(j) $t=6\,000$ s

图7-15　水合物全域分解诱发海底滑坡过程中的流体运动场演化

5. 超孔隙压力场

图 7-16 给出了水合物分解后不同时刻的超孔隙压力(超孔压)分布情况。由图可知:
①在水合物分解 1~5 s 内,超孔压集中分布在水合物分解区域内,这是由于该部分区域内土体因为失去胶结作用而产生沉降,而斜坡内土体的卸载分布有明显的负孔压[图(a)、

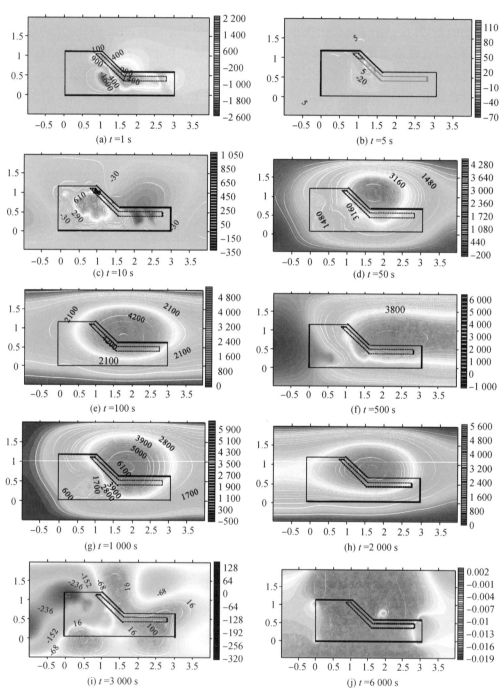

(a) $t=1$ s
(b) $t=5$ s
(c) $t=10$ s
(d) $t=50$ s
(e) $t=100$ s
(f) $t=500$ s
(g) $t=1\,000$ s
(h) $t=2\,000$ s
(i) $t=3\,000$ s
(j) $t=6\,000$ s

图 7-16　水合物全域分解诱发海底滑坡过程中的超孔隙压力场演化
(模型尺寸单位为 km,超孔隙压力单位为 Pa)

(b)];②由沉降和卸载引起的超孔压和负孔压迅速消散,随着滑坡触发起动,超孔压主要集中在滑坡前缘,而滑坡根部的超孔压相对较小,水压主要由滑坡体带动的沉积物流-水的相互作用引起,因此,水流从滑坡前缘向深海扩散,而滑坡根部水流由海洋向斜坡扩散[图(d)];③随着滑坡的持续进行,滑坡前缘的超孔压先逐渐增大后逐渐减小,当 $t=500$ s 左右时,超孔压达到最大(最大约为 6 kPa),随后,超孔压逐渐减小[图(d)—(i)];④当滑坡终止时,超孔压基本为零。

6. 颗粒最大速度

图 7-17 给出了水合物分解后不同时刻的颗粒最大速度。其中,图(a)表示 0~100 s 的情况;图(b)表示 0~4 000 s 的情况。注意到,图(b)中的第一个非零测点为图(a)中的最后一点。

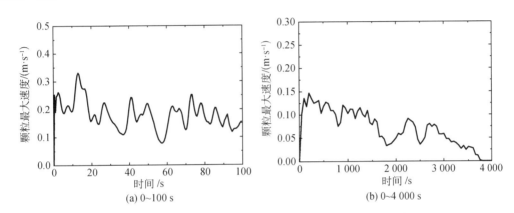

(a) 0~100 s　　　　　　　　　　(b) 0~4 000 s

图 7-17　水合物全域分解诱发海底滑坡过程中的颗粒最大速度演化

在水合物分解后的很短时间内(10 s 内),颗粒最大速度便已经达到其最大值(该最大值与自由沉降速度有关),约为 0.34 m/s。随着时间的推移,颗粒最大速度逐渐减小,但在 500~1 500 s 之间在一个稳定值(0.1 m/s)上下波动,表明该阶段为持续滑坡阶段。随后经历两次较大幅度波动后,当分解时间到达 2 700 s 之后,颗粒最大速度急剧下降,并在 3 800 s 左右为零,表明该阶段为滑坡逐渐稳定直至终止的阶段。

值得注意的是,水合物分解初始阶段的颗粒最大速度要比滑坡持续阶段的大,这是因为在分解后的初始阶段,分解区域上部颗粒处于沉降阶段,此时这些颗粒的速度接近自由沉降速度;而在滑坡产生后,笔者认为,由于受到周围土颗粒的干扰,颗粒运动速度将小于自由沉降速度。因此,不难发现,滑坡产生后的颗粒速度要比分解后初始阶段的颗粒速度小。

7.3.3　水合物分解诱发海底滑坡的能量转换特征

在砂土、岩石等介质系统中,外部能量的输入和内部能量的耗散是地震、泥石流和滑坡等岩土工程地质灾害形成的深层原因。笔者认为,胶结砂土等散粒体材料的破坏实际上经历了能量耗散直至失稳的演化过程。因而,从能量演化的角度研究散粒体破坏失稳现象具有重要意义。

将散粒体试样视为封闭系统,并假设其与外界不发生能量交换,那么,该系统的能量变化(可恢复弹性能、动能和各类耗散能)可以用热力学第一定律描述：

$$\Delta W = \Delta E_{e} + \Delta E_{k} + (\Delta D_{p} + \Delta D_{nd} + \Delta D_{vd})_{damp} \tag{7-23}$$

式中，ΔW 为外力功和体力功增量；ΔE_{e} 为弹性能增量；ΔE_{k} 为动能增量。等号右侧最后三项为耗散能：D_{p} 为接触滑动耗散能；D_{nd} 为数值阻尼耗散能；D_{vd} 为接触阻尼耗散能。

弹性能和动能可参照 3.1.2 节计算，然后根据热力学第一定律反求耗散能。图 7-18 给出了水合物分解后不同时刻的斜坡体能量演化图，其中，图(a)—(d)为 0～100 s 的时间尺度，图(e)—(h)为 0～6 000 s 的时间尺度。由图可见，在水合物分解 10 s 内，重力做功较少，而弹性能急剧减小，动能迅速增大。弹性能增量在初始阶段的数值为－23 J，这是因为水合物分解瞬间，由水合物胶结承担的弹性能瞬间转变为表面能、热能等耗散能；土体的卸载和沉降势必引起整个斜坡范围内的土体产生运动，从而使得动能迅速增大。

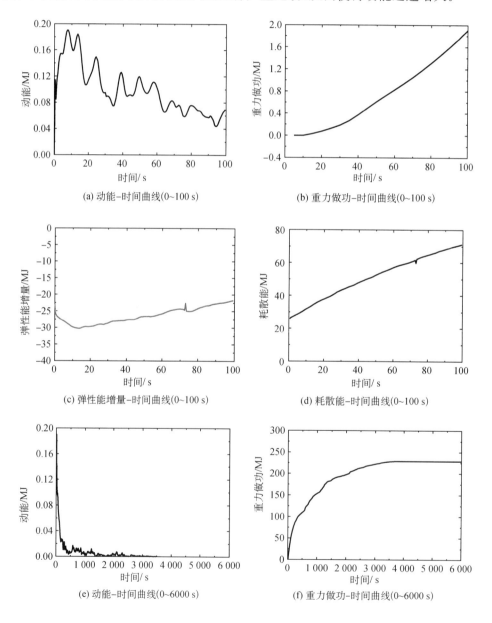

(a) 动能-时间曲线(0~100 s)

(b) 重力做功-时间曲线(0~100 s)

(c) 弹性能增量-时间曲线(0~100 s)

(d) 耗散能-时间曲线(0~100 s)

(e) 动能-时间曲线(0~6000 s)

(f) 重力做功-时间曲线(0~6000 s)

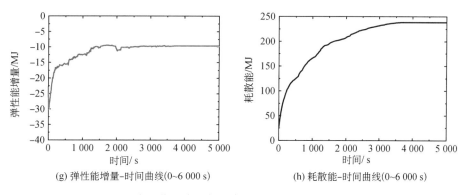

(g) 弹性能增量-时间曲线(0~6 000 s)   (h) 耗散能-时间曲线(0~6 000 s)

图 7-18 水合物全域分解诱发海底滑坡过程中的能量演化

在 10~100 s 的时间内,重力做功非线性增大且增大的趋势越来越明显,动能逐渐减小,弹性能逐渐增大,耗散能仍持续增大。在该阶段内,土体的沉降作用逐渐大于卸载作用,因此重力做功和弹性能均持续增大;动能的减小是由于卸载作用基本结束后,斜坡内土体的整体运动逐渐转变为滑坡主体的局部运动。值得注意的是,由于运动的最大值受到自由沉降速度的限制,因此动能的最大值并不是很大。可以推测,在很短的时间内,颗粒就已经达到了其最大速度值,因此在速度无法增大的情况下,颗粒运动范围的缩小不可避免地造成系统总动能减小。

当 $t = 100$ s 时,重力做功持续增大且增大速率逐渐减小,这是由于发生水平位移的滑坡前缘区域逐渐增加,而这部分位移不会产生重力做功;动能也逐渐减小,这是由滑坡主体面积不断减小所致;弹性能逐渐增大,但仍未达到初始水平;耗散能不断增大,表明此时重力做功逐渐转化为耗散能。当滑坡终止后(大约在 3 500 s 后),重力做功不再增大,动能为零。此时,所有的重力做功和水合物分解引起的胶结弹性能损失均转化为耗散能。

7.3.4 水合物分解区域和分解量对海底滑坡的影响规律

表 7-1 给出了水合物在不同分解区域和不同分解量下诱发海底滑坡的宏观特征。此处,宏观特征的对比包括滑坡主体面积、滑后斜坡倾角、滑坡模式和滑动距离。

本章将模型中滑动距离超过 0.005 m(原型为 5 m)的区域视为滑动主体。观察表 7-1 可知,在相同的水合物分解量下,自坡脚分解的滑坡主体面积最大,其次是自坡面分解的滑坡主体面积,自坡顶分解的滑坡主体面积最小。在自坡顶分解诱发的海底滑坡中,滑坡主体面积随着分解量的增加而增加;在自坡面分解诱发的海底滑坡中,滑坡主体面积按照分解量排序为 $S(75\%) > S(50)\% > S(25\%) > S(100\%)$[注:以 $S(75\%)$ 为例,其表示分解量为 75% 时的滑坡主体面积];在自坡脚分解诱发的海底滑坡中,滑坡主体面积按照分解量排序为 $S(50\%) > S(25\%) > S(75\%) > S(100\%)$。

滑后斜坡倾角根据斜坡的整体外形确定。在水合物分解量相同的情况下,自坡面分解诱发的海底滑坡的斜坡倾角最大,其次是自坡脚分解诱发的海底滑坡的斜坡倾角,自坡顶分解诱发的海底滑坡的斜坡倾角最小。在不同的分解区域,滑后斜坡倾角均随着分解量的增加而减小。当水合物自坡顶分解时,海底滑坡模式在分解量较小时为崩塌模式,在分解量较大时为流动模式;而当水合物自坡面和坡脚分解时,海底滑坡模式通常表现为滑动和流动的混合模式(自坡面分解时,水合物未完全分解时表现为滑动+流动,水合物完全分解时表现为流动;自坡脚分解时,水合物分解量低于 50% 时表现为滑动,水合物分解量高于 50% 时表现为滑动+流动)。

在不同分解区域,滑坡滑动距离均随着分解量的增加而增加。在相同的分解量下,自坡顶分解诱发的海底滑坡滑动距离最大,其次是自坡面分解诱发的海底滑坡滑动距离,自坡脚分解诱发的海底滑坡滑动距离最小。

表 7-1 不同分解区域和分解量下海底滑坡宏观特征

分解量		滑坡主体面积 /km^2	滑后斜坡倾角 /(°)	滑坡模式	滑动距离/km
自坡顶分解	25%	0.049	22.8	崩塌(fall)	0.39
	50%	0.085	20.5	流动(flow/slump)	0.453
	75%	0.11	18.1	流动(flow/slump)	0.56
	100%	0.138	17.8	流动(flow/slump)	0.564
自坡面分解	25%	0.16	24.4	滑动(slide)+ 流动(flow/slump)	0.34
	50%	0.187	22.6	滑动(slide)+ 流动(flow/slump)	0.428
	75%	0.21	22.5	滑动(slide)+ 流动(flow/slump)	0.553
	100%	0.138	17.8	流动(flow/slump)	0.564
自坡脚分解	25%	0.231	23.6	滑动(slide)	0.239
	50%	0.237	21.7	滑动(slide)	0.332
	75%	0.224	19.1	滑动(slide)+ 流动(flow/slump)	0.498
	100%	0.2	18.8	流动(flow/slump)	0.552

7.4 地震诱发的海底滑坡

7.4.1 模拟工况

利用 4.4 节深海能源土的动力接触模型,本节将模拟简化地震动作用诱发海底滑坡的过程。本节数值模拟基于中国南海北部白云地区大陆坡的地质条件进行,因此,地震参数也根据相应地区的地震记载资料选取。中国南海北部大陆坡经历过的地震峰值加速度如图 7-19 所示,峰值加速度范围为 $0.07g \sim 0.56g$。本节模拟选用的激震峰值加速度为 $0.5g$,激震频率选用文献[205]—[207]中的地震作用频率,取为 3 Hz。本节模拟中输入地震作用的波形曲线如图7-20所示,在开始阶段的15个周期内地震加速度线性增大,达到峰值加速度后保持稳定循环20个周期,再经过10个周期逐渐衰减至零。地震加速度通过对底部边界一定高度内$(5d_{50})$的颗粒施加水平加速度实现。本节计算工况包括水合物饱和度为25%、30%、40%和50%四个算例。首先选取一个算例(饱和度为25%)对地震诱发海底滑坡全过程进行跟踪分析,然后再对水合物饱和度的影响进行分析。讨论中所述的时间、速率、几何尺寸等物理量均为原型数据。

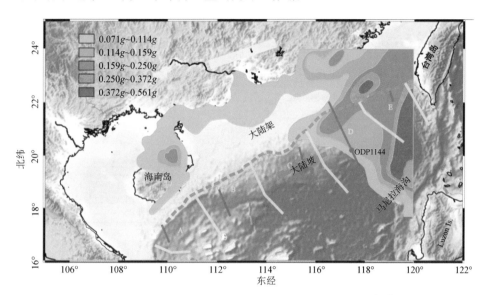

图7-19　中国南海北部大陆坡地震峰值加速度分布图[208]

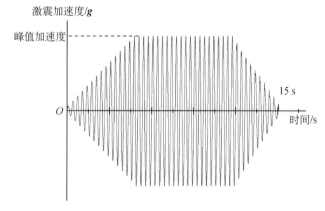

图 7-20　输入地震波的时程曲线

7.4.2　地震诱发滑坡的全过程响应规律

本节首先分析水合物饱和度为25%时,海底地震诱发滑坡的全过程。图7-21给出了水合物胶结、颗粒速度、流体速度和超孔压空间分布随时间演变的过程。

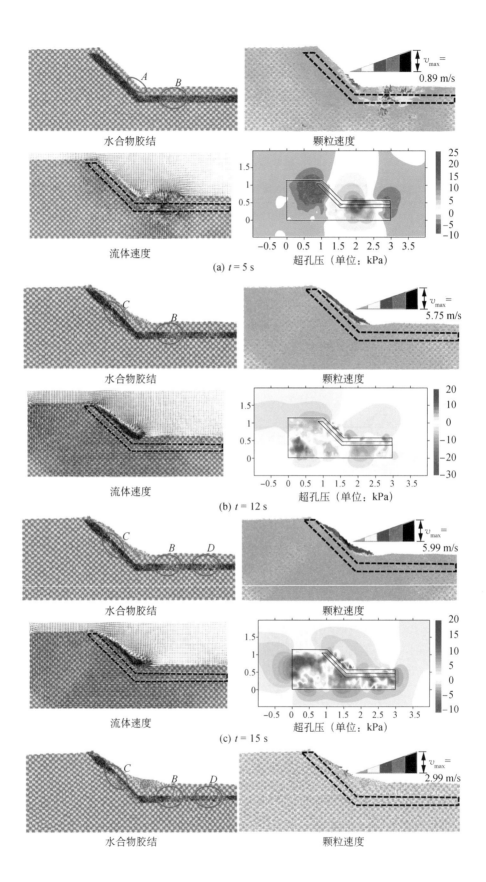

水合物胶结 颗粒速度

流体速度 超孔压（单位：kPa）

(a) t = 5 s

水合物胶结 颗粒速度

流体速度 超孔压（单位：kPa）

(b) t = 12 s

水合物胶结 颗粒速度

流体速度 超孔压（单位：kPa）

(c) t = 15 s

水合物胶结 颗粒速度

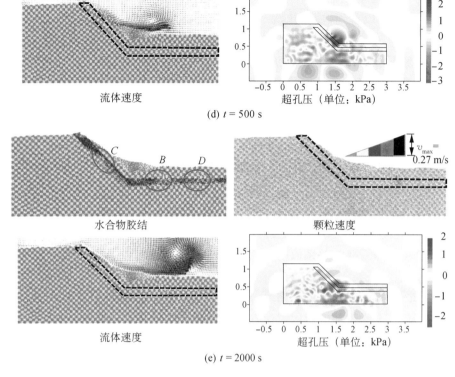

(d) $t = 500$ s

(e) $t = 2000$ s

图 7-21 水合物胶结、颗粒速度、流体速度和超孔压空间分布演变过程
($S_{MH} = 25\%$,模型尺寸单位为 km)

由图 7-21(a)可以看到,模拟开始 5 s 后,颗粒运动主要集中在区域 A(坡脚)和区域 B(坡脚前一定距离处);在区域 A 附近,沉积物首先发生沿坡面向下的流动破坏,而流体在斜坡外侧从坡脚向坡顶流动,在斜坡体内部则从坡顶向坡脚流动;在区域 B,颗粒向上运动且流体主要从海床内朝上向海床外流动。从胶结分布看,B 区域胶结密度最小,说明在整个模型中水合物胶破坏首先发生在区域 B,水合物胶结破坏导致沉积物有压缩趋势,由此导致该区域产生正超孔压,坡顶由于颗粒向下滑动而呈现负超孔压。

由图 7-21(b)可以看到,模拟开始 12 s 后,在坡体表面可观察到大规模流动状破坏,流体运动也主要集中在滑动体内;区域 B 处的颗粒和流体的运动均较慢,但可在区域 B 观察到海床表面隆起,这是由于区域 B 的水合物胶结破坏使得这一位置的颗粒能够相对自由地运动,而图 7-21(a)中区域 B 发生的向上的流体运动对颗粒施加了向上的拖拽力。

从图 7-21(c)—(e)中的海床"网格"变形可以看到,坡体表面区域 C 在 $t = 15$ s 时开始形成了向右侧临空面的侧向变形,原因分析如下:侧向惯性力和向临空面的流体拖拽力共同作用在斜坡内倾斜的深海能源土层上,导致水合物胶结破坏集中在坡体中部,可从图 7-21(c)中区域 C 的胶结物密度较小看出,这使得区域 C 的颗粒得以相对自由地运动,进而在侧向惯性力和向临空面的流体拖拽力共同作用下形成了向临空面的外凸变形,这进一步导致坡顶后方的沉降。其实,在图 7-21(a)中 $t = 5$ s 时,区域 C 已有较小程度的胶结破坏,但直至图 7-21(c)中 $t = 15$ s 时,胶结破坏才累积到足够多,使得坡体侧向变形比较明显,这些侧向变形量相对于破坏滑动而言要小得多。

由图 7-21(c)可以看到,模拟开始 15 s 后(此时模型底部激振结束),坡顶已无明显颗粒运动(恢复稳定),在坡肩位置形成比原有坡度更缓的扰动坡体;斜坡中下部的滑动体整体上仍在沿斜坡下滑;流体运动模式仍是在斜坡表面从坡脚向坡顶流动,在斜坡体内部随滑动体向下流动;区域 D 发生了类似区域 B 的海床向上隆起过程。

由图 7-21(d)可以看到,模拟开始 500 s 后,除坡面少量零星颗粒运动外,海床整体已经恢复稳定。根据"网格"变形和颗粒颜色分布判断,整个过程中斜坡表面颗粒滑动是主要失稳模式,并伴随一些由胶结破坏、惯性作用和流体拖拽力导致的次要变形(包括坡脚以外一定范围的海床隆起、坡顶下沉以及坡体中部向右凸出变形)。值得注意的是,尽管图 7-21(d)中 $t=500$ s 时滑坡已经稳定,但流体运动远没有结束,而是在重新稳定的沉积物坡体右上方一定范围内仍有向右下方的运动;此外,在坡脚处形成了旋涡状流体运动模式,该漩涡范围在图 7-21(e)中 $t=2\,000$ s 时已扩大至与边坡高度相近的尺度,该漩涡的后续运动及其可能与海啸的关系值得继续研究。

7.4.3 水合物饱和度对地震诱发滑坡响应的影响规律

本节将探讨水合物饱和度对地震诱发的海底滑坡响应的影响规律。图 7-22 给出了不同水合物饱和度情况下,滑坡过程中颗粒最大速度随时间的变化过程。

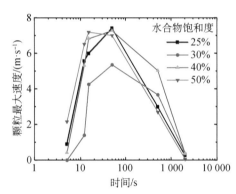

图 7-22 滑坡过程中颗粒最大速度随时间的变化过程

整体而言,颗粒最大速度首先随时间发展而增大,在 $t=50$ s 时达到最大值,随后逐渐减小,并于 $t=2\,000$ s 时达到 0。当 $S_{MH}=50\%$ 时,颗粒最大速度增长最快,而当 $S_{MH}=50\%$ 时,颗粒最大速度增长最慢。在 $S_{MH}=25\%$、40%、50% 三种情况下颗粒最大速度相近,且都比 $S_{MH}=30\%$ 时颗粒最大速度大。

表 7-2、表 7-3 展示了不同水合物饱和度下地震诱发海底边坡滑动过程中胶结破坏和颗粒速度场随时间的变化。水合物饱和度差异造成了重新稳定后的斜坡具有以下不同的形态特征。

(1)斜坡中部侧向变形与顶部沉降。这两种边坡次要变形模式只在 $S_{MH}=25\%$ 和 30% 两种情况下可以观察到,而在另外两种水合物饱和度情况下($S_{MH}=40\%$ 和 50%)没有观察到。这间接说明坡顶沉降是由斜坡中部侧向外凸变形导致的,而非地震导致的振密效应。

(2)坡脚外海床隆起。这种海床次要变形模式只在 $S_{MH}=25\%$ 和 30% 两种情况下可以观察到,且在 $S_{MH}=30\%$ 情况下的隆起量更大。

(3)重新稳定后的斜坡形态。在 $S_{MH}=25\%$ 和 30% 两种情况下,重新稳定后的沉积物大部分仍覆盖在斜坡土层上方;而在 $S_{MH}=40\%$ 和 50% 两种情况下,斜坡层上覆沉积物的很大范围都失稳滑动堆积在坡脚处,这种上覆层厚度的变化将导致水合物赋存位置的后续调整。

表 7-2　　　　　　　　不同水合物饱和度下胶结破坏随时间的变化

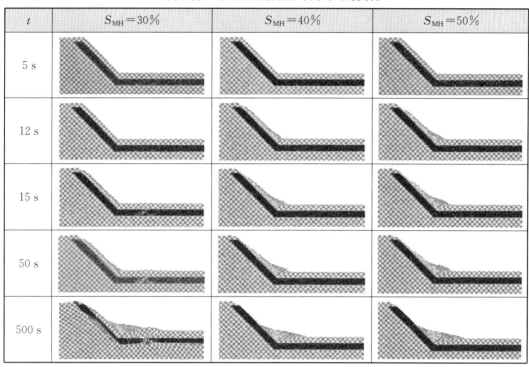

t	$S_{MH}=30\%$	$S_{MH}=40\%$	$S_{MH}=50\%$
5 s			
12 s			
15 s			
50 s			
500 s			

表 7-3　　　　　　　　不同水合物饱和度下颗粒速度随时间的变化

t	$S_{MH}=30\%$	$S_{MH}=40\%$	$S_{MH}=50\%$
5 s	$v_{max}=0.007$ m/s	$v_{max}=0.43$ m/s	$v_{max}=2.17$ m/s
12 s	$v_{max}=1.40$ m/s	$v_{max}=5.33$ m/s	$v_{max}=6.52$ m/s
15 s	$v_{max}=4.26$ m/s	$v_{max}=6.83$ m/s	$v_{max}=7.20$ m/s
50 s	$v_{max}=5.37$ m/s	$v_{max}=7.28$ m/s	$v_{max}=7.01$ m/s
500 s	$v_{max}=3.68$ m/s	$v_{max}=5.03$ m/s	$v_{max}=2.70$ m/s

从表 7-2 中可知,在 $S_{MH}=40\%$ 和 50% 两种情况下,水合物胶结基本完好,而在 $S_{MH}=25\%$ 和 30% 两种情况下,水合物胶结发生了大量破坏。在 $t=5\,s$ 时,在 $S_{MH}=25\%$ 的情况下,水合物胶结破坏就已经从区域 B 开始,并且在 $t=15\,s$ 时区域 C 也发生了一定的水合物胶结破坏。然而,对于 $S_{MH}=30\%$ 的情形,直到 $t=15\,s$ 时才在坡脚前部出现少量的胶结破坏,$t=500\,s$ 时在斜坡和坡脚处的水合物胶结才累积了大量破坏。可以看到,尽管 $S_{MH}=30\%$ 时水合物胶结强度比 $S_{MH}=25\%$ 时强一些,但仍不足以抵抗地震荷载作用;而在 $S_{MH}=40\%$ 和 50% 两种情况下,水合物胶结强度足够高,以至于地震荷载无法导致胶结破坏。

试验结果表明,深海能源土的动剪切模量随水合物饱和度增大而增大,阻尼比随水合物饱和度增大而减小[62,209]。图 7-23 为采用本书深海能源土动力接触模型模拟循环不排水剪切试验得到的动剪切模量、阻尼比随水合物饱和度的变化,与室内试验规律一致。由于本章为二维离散元模拟,故不追求量值上的一致。由于深海能源土的上述动力特性,水合物饱和度对海底地震导致的滑坡响应影响具有两重性。

(1)阻尼效应。水合物饱和度越大,深海能源土层阻尼比越小,使得更多振动能量能从模型底部传至斜坡表面,进而引起更大规模的滑动体量。因此,相比 $S_{MH}=25\%$ 的情形,$S_{MH}=50\%$ 情形下斜坡滑动起动更早,滑动体量更大。

(2)强度效应。$S_{MH}=25\%$ 情形下深海能源土强度低,斜坡和坡脚外土层更容易发生破坏,进而引起坡顶沉降、坡中部侧向外凸、坡脚外隆起等次要变形。

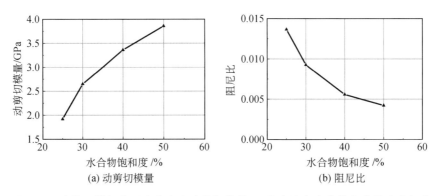

图 7-23 离散元模拟的深海能源土动剪切模量、阻尼比随水合物饱和度的变化规律

水合物赋存区的滑坡稳定性分析需综合考虑深海能源土的力学特性,特别是水合物饱和度对深海能源土强度和阻尼比的影响。在更为复杂的地形和水合物分布情况下,饱和度与震动响应的复杂关系还需深入研究。震动能量耗散引起深海能源土土层温度升高进而引发水合物分解的可能性也值得探索。

7.5 本章小结

本章运用流固耦合的离散元法模拟了陡坡地形水合物分解、地震荷载导致的海底滑坡过程,分析了水合物分解位置(坡顶、坡中、坡脚)、分解范围以及水合物饱和度对海底滑坡过程的影响。研究案例来自我国南海北部水合物赋存区域。其中,水合物胶结参数取自南海水合物矿藏典型温压环境,地震动参数来自该海域地震统计资料,地基模型和流体模型尺寸依据南海北部白云地区大陆坡地貌环境确定。本章关键结论如下。

(1)水合物分解引起的海底滑坡可分为四个阶段:初始阶段(0~10 s)、起动阶段(10~100 s)、持续阶段(100~3 000 s)和停止阶段(3 000 s以后)。在初始阶段,水合物分解区域内出现超孔压;在起动阶段,斜坡表面土体开始向外拱出,斜坡上表面出现张拉裂缝;在持续阶段,滑坡主体形成,滑坡根部出现滑坡台阶和滑塌沟谷;在停止阶段,滑坡主体滑动逐渐停止,滑坡陡壁、滑塌沟谷、滑坡台阶、滑坡裂缝、滑裂面、滑坡主体和滑坡前缘等深海滑坡地貌形态彻底形成。

(2)水合物分解区域和分解量不同可能诱发四种不同型式的海底滑坡:坡顶局部崩塌型、整体流动型、整体滑动型和滑动-流动型。不同滑坡型式引起的滑坡体体量、流滑距离均存在明显差异。

(3)由于深海能源土的特殊动力特性,水合物饱和度对海底地震导致的滑坡响应影响具有两重性:水合物饱和度越大,深海能源土土层阻尼比越小,使得更多震动能量能从斜坡底部传至斜坡表面,进而引起更大规模的滑动体量;但水合物饱和度越大,斜坡和坡脚外的深海能源土土层更难发生破坏,因此引起的坡顶沉降、坡中部侧向外凸以及坡脚外隆起等次要变形不明显。

滑坡危险区的水合物开采方案制订及附近基础设施的布设都应充分考虑人工活动和自然地震可能触发的海底滑坡。本章模拟表明,水合物分解导致的海底滑坡发生后,滑坡根部均出现滑塌沟谷,地震作用导致水合物赋存区上覆沉积物厚度的变化并进而引起水合物赋存位置的调整。水合物赋存区变化、海底地质作用、地震或波浪等外荷载作用很容易引起进一步的滑坡。本章模拟结果也可为现有海底滑坡的机理推测、风险评估等工程问题提供关键指导。

8 展 望

　　本书系统介绍了采用离散元法在深海能源土力学特性和水合物开采致灾机理方面的研究成果,从微观物理、力学过程出发,揭示了深海能源土宏观力学特性的微细观机制,探索了水合物开采过程中海底地层强度衰减、桩基承载力下降、海底边坡滑动的现象、规律和机理,为深海水合物安全高效开采提供理论支撑。

　　本书内容是宏微观土力学研究思想的具体实践成果。在过去40年里,宏微观土力学经历了萌芽、雏形与成长期,目前正迎来加速发展。岩土材料从本质上看是颗粒材料,其宏观力学特性取决于微(粒)观特性。40年来,国内外研究人员从微观上对土颗粒几何与力学特性、粒间本构理论等进行了探索,从细观上对土体应变局部化等开展了研究,并借助离散元方法建立了土体宏观力学特性与其微观机制之间的关联,厘清土体复杂宏观力学性质的内在机理,建立了相应的宏观本构理论。作为宏微观土力学的桥梁——离散元法,从最初仅适合低强度干砂,已发展成适合陆、海、空多种疑难土的方法,并在“三深”岩土工程问题上进行了初步应用,展现出解决岩土力学与工程疑难及关键问题的巨大潜力。目前,这一研究方向既面临自身发展带来的各种挑战,同时也迎来与现代土力学和其他学科交叉发展的良好机遇,主要有以下四个方面。

　　(1) 建立适用于各种岩土工程问题的多场、多过程并能与多种计算方法耦合的高效离散元法(如温-压-力-化、场域耦合离散元),并将离散元模拟对象扩展至结构性黏土、裂隙土、粉质黏土等更大范围的疑难土类型。这一方面的研究既可能涉及分子或纳米尺度上的物理力学机制,又需要高效的耦合计算方法。由于需进行数亿甚至数万亿颗粒的计算,这对计算能力的要求会很高。随着计算机技术的快速发展,这一问题会逐步得到解决。

　　(2) 针对真实工作环境,建立“三深”疑难岩土体的静动力接触模型和全生命周期内的土体微细观结构演化与宏观特性的关联。这方面的研究既需要能模拟高/低温、高水压、高真空等极端环境条件下的微细观尺度试验,又需要解决代表性单元尺度效应与试验测试精度限制的矛盾,还需要发展三维土体内微细观结构信息的提取与处理分析技术。随着多功能、高精度、大量程X射线、CT等技术的发展,这些问题可望逐步得到解决。

　　(3) 建立基于微细观机制的能够反映复杂应力路径影响的实用化本构理论,并解决各种复杂、疑难岩土力学与工程中的核心问题,帮助提高工程设计水平。在不同岩土工程问题中,土体经历的应力路径不尽相同,当前土工测试技术尚难以准确获取现场原状土体的应力路径和力学性状。一种可行的思路是采用离散元法对岩土工程典型边值问题进行模拟,获取土体应力路径,进行相应的室内试验研究,弄清复杂应力路径下疑难土的力学特性,基于微细观机制建立能反映这些力学特性的本构模型并进行合理简化,从而建立实用化本构模型。

（4）宏微观土力学与现代土力学的四个分支以及其他学科交叉发展。宏微观土力学既可以在本学科内与理论土力学、计算土力学、试验土力学和应用土力学交叉，又可以与其他学科如岩石力学、计算力学中的近场动力学等交叉。这既有助于宏微观土力学的自身发展，完善现代土力学，又能促进其他学科的快速发展。

具体在深海水合物开采问题上，本书介绍的研究成果仍很初步，从岩土工程角度开展的理论研究整体上还滞后于开采实践。随着深海水合物开采技术不断发展和试采实践的不断推进，我们对其中的工程问题认识深度在提高，同时也面临新的开采技术发展带来的理论挑战，具体表现在以下三个方面。

（1）固态流化法水合物开采中的地层稳定性问题。在天然气水合物固态流化开采方法中，井筒内部将发生复杂的流固耦合多相流，不受控制的水合物分解有可能导致钻井液漏失、地层坍塌等大规模工程灾害，回填前水合物采空区失稳也是潜在的灾害风险源，采空区回填能否有效抑制地层的长期变形同样需重点关注。初步研究表明，我国南海天然气水合物埋深浅、胶结弱、储层疏松，固态流化开采的各项参数的安全范围很窄[210]，地层稳定性的挑战很大。

（2）水平井分解法开采中的地层稳定性问题。在分解法水合物开采中，大量理论研究表明水平井比垂直井产率更高。当前研究对垂直井壁及其周围地层的稳定性研究较多，而水平井在周边压力温度梯度分布、水合物分解范围、气体运移规律等方面与垂直井差异较大，水平井开采过程中井周地层失稳风险的时间变化规律、水平井延伸失稳风险的空间变化规律更为复杂[211]。由于水平井的空间延伸范围更大，可引起地层、海底边坡的稳定性风险更大[212]。此外，双水平井、分支水平井等复杂的布井形式[213,214]使得井周开采响应更加复杂。

（3）水合物开采引发地层失稳的连锁灾变问题。本书中的工程案例分析已经表明，水合物开采可引起局部地层变形、桩基承载力降低、海底滑坡等一系列连锁反应。特别地，大规模海底滑坡将进一步放大连锁反应的空间范围，滑动体与油气平台基础、海底管道、通信光缆等人工建（构）筑物的相互作用值得深入探索。此外，海底滑坡可能引发海啸，进一步将连锁反应扩展至近海低洼城市。从源头控制连锁灾变的起动是未来深海水合物开采必须面对的问题。

针对上述深海水合物开采的具体问题，发展多场、多相耦合的离散元数值模拟方法，有望揭示固态流化开采、水平井分解开采等工程实践中的地层变形与失稳机理。离散元的流固耦合模拟还可揭示固态流化法的水平井中水合物颗粒和海洋沉积物颗粒形成的混合流运移过程以及水合物与沉积物的井下分离过程中的关键规律；水合物开采引发地层失稳的连锁灾变也是离散元分析的重要"用武之地"。相信离散元分析在这些关键方向的应用将为水合物的安全高效开采提供理论支撑。

可以看到，宏微观土力学已成为岩土力学领域最具有活力的研究方向之一，它的加速发展期即将到来，而这种发展也将为复杂工程问题的研究提供强大的理论工具。为此，我们既需要很多基础扎实、年富力强的青年学者的参与，又需要长期奋战在科研第一线、对岩土工程疑难与关键问题有深刻认识的资深科研人员的关心和支持。

参 考 文 献

［1］ KVENVOLDEN K A. Gas hydrates-geological perspective and global change［J］. Reviews of Geophysics，1993，31：173-187.

［2］ SLOAN E D. Clathrate hydrate of natural gases［M］. 2nd ed. New York：Marcel Dekker Inc. ，1998.

［3］ COLLETT T S. Permafrost—associated gas hydrate［M］//Max M D，et al. Natural gas hydrate in oceanic and permafrost environments. Dordrecht：Kluwer Academic Publishers，2000：43-60.

［4］ KVENVOLDEN K A，LORENSON T D. The global occurrence of natural gas hydrate［J］. Geophysical Monograph Series，2013，124：3-18.

［5］ 高世楫. 可燃冰应成为中国能源变革新引擎［J］. 中国战略新兴产业，2015(2)：91-93.

［6］ 秦志亮，吴时国，王志君，等. 天然气水合物诱因的深水油气开发工程灾害风险——以墨西哥湾深水钻井油气泄漏事故为例［J］. 地球物理学进展，2011，26(4)：1279-1287.

［7］ UCHIDA S，KLAR A，YAMAMOTO K. Sand production modeling of the 2013 Nankai offshore gas production test［C］//The 1st International Conference on Energy Geotechnics，2016：1451-1458.

［8］ SULTAN N，COCHONAT P，FOUCHER J P，et al. Effect of gas hydrate melting on seafloor slope instability［J］. Marine Geology，2004，213(14)：379-401.

［9］ GARZIGLIA S，MIGEON S，DUCASSOU E，et al. Mass-transport deposits on the Rosetta province (NW Nile deep-sea turbidite system，Egyptian margin)：Characteristics，distribution，and potential causal processes［J］. Marine Geology，2008，250(3)：180-198.

［10］ LIU X，FLEMINGS P. Dynamic response of oceanic hydrates to sea level drop［J］. Geophysical Research Letters，2009，36(17)：1-5.

［11］ KARSTENS J，HAFLIDASON H，BECKER L W，et al. Glacigenic sedimentation pulses triggered post-glacial gas hydrate dissociation［J］. Nature Communications，2018，9(1)：1-11.

［12］ DILLON W P，DANFORTH W，HUTCHINSON D，et al. Evidence for faulting related to dissociation of gas hydrate and release of methane off the southeastern United States［J］. Geological Society，London，Special Publications，1998，137(1)：293-302.

［13］ 蒋明镜. 现代土力学研究的新视野——宏微观土力学［J］. 岩土工程学报，2019，41(2)：195-254.

［14］ WAITE W F，SANTAMARINA J C，CORTES D D，et al. Physical properties of hydrate-bearing sediments［J］. Reviews of Geophysics，2009，47(4)：465-484.

［15］ RUPPELCD，KESSLERJD. The interaction of climate change and methane hydrates［J］. Reviews of Geophysics，2017，55(1)：126-168.

［16］ SNYDER G，DICKENS G，CASTELLINI D. Solid and dissolved barium profiles in gas hydrate systems at Blake Ridge (ODP 164) and Peru Margin (ODP 201)：Implications for Long-Term Carbon-Cycling in the Deep Biosphere［A］//AGU Fall Meeting Abstracts，2003.

［17］ BOSWELL R，COLLETT T S，FRYE M，et al. Subsurface gas hydrates in the northern Gulf of

Mexico[J]. Marine and Petroleum Geology, 2012, 34(1): 4-30.

[18] FLEMINGS P B, BOSWELL R, COLLETT T S, et al. GOM2: Prospecting, drilling and sampling coarse-grained hydrate reservoirs in the deepwater Gulf of Mexico[A]//Proceedings of the 9th International Conference on Gas Hydrates (ICGH 2017), Denver, Colorado, USA, 2017.

[19] YAMAMOTO K. Overview and introduction: Pressure core-sampling and analyses in the 2012-2013 MH21 offshore test of gas production from methane hydrates in the eastern Nankai Trough [J]. Marine and Petroleum Geology, 2015, 66: 296-309.

[20] RYU BJ, COLLETT T S, RIEDEL M, et al. Scientific results of the second gas hydrate drilling expedition in the Ulleung basin (UBGH2)[J]. Marine and Petroleum Geology, 2013.

[21] ZHANG G, YANG S, ZHANG M, et al. GMGS2 expedition investigates rich and complex gas hydrate environment in the South China Sea[J]. Fire in the Ice, 2014, 14(1): 1-5.

[22] YANG S, LEI Y, LIANG J, et al. Concentrated gas hydrate in the Shenhu Area, South China Sea: Results from drilling expeditions GMGS3 & GMGS4 [A]//Proceedings of 9th International Conference on Gas Hydrates, Denver, Paper No. 105, 2017.

[23] SUN J, ZHANG L, NING F, et al. Production potential and stability of hydrate-bearing sediments at the site GMGS3-W19 in the South China Sea: A preliminary feasibility study[J]. Marine and Petroleum Geology, 2017, 86: 447-473.

[24] 李清,王家生,蔡峰,等. 自生碳酸盐岩与底栖有孔虫碳同位素特征对多幕次甲烷事件的耦合响应: 以 IODP311 航次 1328 和 1329 站位为例[J]. 海洋地质与第四纪地质,2015,35(5):37-46.

[25] HOLLAND M, SCHULTHEISS P, ROBERTS J, et al. 311 shipboard scientific party & NGHP expedition 1 shipboard scientific party. Hydrate sediment morphologies revealed by pressure core analysis[A]//EOS, Transactions of the American Geophysical Union, Fall Meeting Supplement, OS33B-1689, 2006.

[26] HOLLAND M, SCHULTHEISS P, ROBERTS J, et al. Observed gas hydrate morphologies in marine sediments[C]//6th International Conference on Gas Hydrates, Chevron, Vancouver, BC, Canada, 2008: 6-10.

[27] RYU B-J, RIEDEL M. Gas hydrates in the Ulleung Basin, East Sea of Korea[J]. Terrestrial, Atmospheric and Oceanic Sciences, 2017, 28(6): 943-963.

[28] DVORKIN J, HELGERUD M B, WAITE W F, et al. Introduction to physical properties, Elasticity models[M]. The Netherlands: Kluwer Academic Publishers, 2000.

[29] SANTAMARINA J C, JANG J. Gas production from hydrate bearing sediments: Geomechanical implications[J]. NETL Methane Hydrate Newsletter: Fire in the Ice, 2009, 9(4): 18-22.

[30] WINTERS W J, WAITE W F, MASON D, et al. Methane gas hydrate effect on sediment acoustic and strength properties[J]. Journal of Petroleum Science and Engineering, 2007, 56(1-3): 127-135.

[31] 李承峰,胡高伟,张巍,等. 有孔虫对南海神狐海域细粒沉积层中天然气水合物形成及赋存特征的影响[J]. 中国科学:地球科学,2016,46(9):1223-1230.

[32] SAHOO S K, MADHUSUDHAN B N, MARÍN MORENO H, et al. Laboratory insights into the effect of sediment-hosted methane hydrate morphology on elastic wave velocity from time-lapse 4D synchrotron X-ray computed tomography[J]. Geochemistry, Geophysics, Geosystems, 2018, 19 (11): 4502-4521.

[33] 思娜,安雷,邓辉,等. 天然气水合物开采技术研究进展及思考[J]. 中国石油勘探,2016,21(5): 52-61.

［34］周守为,陈伟,李清平,等.深水浅层非成岩天然气水合物固态流化试采技术研究及进展［J］.中国海上油气,2017,29(4):1-8.

［35］王平康,祝有海,卢振权,等.青海祁连山冻土区天然气水合物研究进展综述［J］.中国科学:物理学力学 天文学,2019,49(3):72-91.

［36］SONG Y，YU F，LI Y，et al. Mechanical property of artificial methane hydrate under triaxial compression［J］. Journal of Natural Gas Chemistry, 2010, 19(3): 246-250.

［37］YU F，SONG Y，LIU W，et al. Analyses of stress strain behavior, constitutive model of artificial methane hydrate［J］. Journal of Petroleum Science, Engineering, 2010, 77(2): 183-188.

［38］NABESHIMA Y，TAKAI Y，KOMAI T. Compressive strength, density of methane hydrate［C］// Proceedings of the 6th ISOPE Ocean Mining Symposium, 2005: 199-202.

［39］NABESHIMA Y，MATSUI T. Static shear behaviors of methane hydrate and ice［C］//Proceedings of the 5th Oceanic Mining Symposium, 2003: 156-159.

［40］HYODO M，HYDE A F L，NAKATA Y，et al. Triaxial compressive strength of methane hydrate ［C］//Proceedings of the 12th International Offshore, Polar Engineering Conference, 2002.

［41］YONEDA J，KIDA M，KONNO Y，et al. In situ mechanical properties of shallow gas hydrate deposits in the deep seabed［J］. Geophysical Research Letters, 2019, 46(24): 14459-14468.

［42］JUNG J W，SANTAMARINA J C. Hydrate adhesive and tensile strengths［J］. Geochemistry, Geophysics, Geosystems, 12, Q08003 (2011).

［43］WINTERS W J，PECHER I A，WAITE W F，et al. Physical properties and rock physics models of sediment containing natural and laboratory-formed methane gas hydrate ［J］. American Mineralogist, 2004, 89(8-9): 1221-1227.

［44］MASUI A，HANEDA H，OGATA Y，et al. Mechanical properties of sandy sediment containing marine gas hydrates in deep sea offshore Japan［A］//Seventh ISOPE Ocean Mining Symposium, 2007.

［45］YONEDA J，MASUI A，KONNO Y，et al. Mechanical behavior of hydrate-bearing pressure-core sediments visualized under triaxial compression［J］. Marine and Petroleum Geology, 2015, 66: 451-459.

［46］YONEDA J，MASUI A，KONNO Y，et al. Mechanical properties of hydrate-bearing turbidite reservoir in the first gas production test site of the Eastern Nankai Trough［J］. Marine and Petroleum Geology, 2015, 66: 471-486.

［47］YONEDA J，MASUI A，KONNO Y，et al. Pressure-core-based reservoir characterization for geomechanics: Insights from gas hydrate drilling during 2012-2013 at the eastern Nankai Trough ［J］. Marine and Petroleum Geology, 2017, 86: 1-16.

［48］PRIEST J A，DRUCE M，ROBERTS J，et al. PCATS Triaxial: A new geotechnical apparatus for characterizing pressure cores from the Nankai Trough, Japan［J］. Marine and Petroleum Geology, 2015, 66: 460-470.

［49］PRIEST J A，HAYLEY J L，SMITH W E，et al. PCATS triaxial testing: Geomechanical properties of sediments from pressure cores recovered from the Bay of Bengal during expedition NGHP-02［J］. Marine and Petroleum Geology, 2019, 108: 424-438.

［50］SANTAMARINA J，DAI S，TERZARIOL M，et al. Hydro-bio-geomechanical properties of hydrate-bearing sediments from Nankai Trough［J］. Marine and petroleum geology, 2015, 66: 434-450.

[51] HIROSE T，TANIKAWA W，HAMADA Y，et al. Strength characteristics of sediments from a gas hydrate deposit in the Krishna-Godavari Basin on the eastern margin of India[J]. Marine and Petroleum Geology，2019：348-355.

[52] 石要红，张旭辉，鲁晓兵，等. 南海水合物黏土沉积物力学特性试验模拟研究[J]. 力学学报，2015，47(3)：521-528.

[53] 关进安，卢静生，梁德青，等. 高压下南海神狐水合物区域海底沉积地层三轴力学性质初步测试[J]. 新能源进展，2017，5(1)：40-46.

[54] 宁伏龙，刘志超，王冬冬，等. 南海水合物样品物理力学性质研究[A]//2018年全国固体力学学术会议摘要集(上)，2018.

[55] LUO T，SONG Y，ZHU Y，et al. Triaxial experiments on the mechanical properties of hydrate-bearing marine sediments of South China Sea[J]. Marine and petroleum geology，2016，77：507-514.

[56] KUANG Y，YANG L，LI Q，et al. Physical characteristic analysis of unconsolidated sediments containing gas hydrate recovered from the Shenhu Area of the South China sea[J]. Journal of Petroleum Science and Engineering，2019，181106173.

[57] HYODO M，NAKATA Y，YOSHIMOTO N，et al. Basic research on the mechanical behavior of methane hydrate-sediments mixture[J]. Soils and Foundations，2005，45(1)：75-85.

[58] WAITE W F，WINTERS W J，MASON D. Methane hydrate formation in partially water-saturated Ottawa sand[J]. American Mineralogist，2004，89(8-9)：1202-1207.

[59] MASUI A，HANEDA H，OGATA Y，et al. Effects of methane hydrate formation on shear strength of synthetic methane hydrate sediments[A]//The 15th International Offshore and Polar Engineering Conference，2005.

[60] MIYAZAKI K，MASUI A，SAKAMOTO Y，et al. Triaxial compressive properties of artificial methane-hydrate-bearing sediment[J]. Journal of Geophysical Research：Solid Earth，2011，116(B6).

[61] HYODO M，LI Y，YONEDA J，et al. Mechanical behavior of gas-saturated methane hydrate-bearing sediments[J]. Journal of Geophysical Research：Solid Earth，2013，118(10)：5185-5194.

[62] HYODO M，YONEDA J，YOSHIMOTO N，et al. Mechanical and dissociation properties of methane hydrate-bearing sand in deep seabed[J]. Soils and Foundations，2013，53(2)：299-314.

[63] ZHANG X H，LU X B，ZHANG L M，et al. Experimental study on mechanical properties of methane-hydrate-bearing sediments[J]. Acta Mechanica Sinica，2012，28(5)：1356-1366.

[64] KAJIYAMA S，WU Y，HYODO M，et al. Experimental investigation on the mechanical properties of methane hydrate-bearing sand formed with rounded particles[J]. Journal of Natural Gas Science and Engineering，2017，45：96-107.

[65] 李令东，程远方，孙晓杰，等. 水合物沉积物试验岩样制备及力学性质研究[J]. 中国石油大学学报(自然科学版)，2012，36(4)：97-101.

[66] 黄萌，单红仙，刘乐乐，等. 含甲烷水合物非固结沉积物三轴实验[J]. 西安石油大学学报(自然科学版)，2017(1)：31-36,43.

[67] LUO T，LI Y，SUN X，et al. Effect of sediment particle size on the mechanical properties of CH_4 hydrate-bearing sediments[J]. Journal of Petroleum Science and Engineering，2018，171：302-314.

[68] LI D，WANG Z，LIANG D，et al. Effect of clay content on the mechanical properties of hydrate-

bearing sediments during hydrate production via depressurization[J]. Energies, 2019, 12(14): 2684.

[69] HYODO M, WU Y, NAKASHIMA K, et al. Influence of fines content on the mechanical behavior of methane hydrate-bearing sediments[J]. Journal of Geophysical Research, 2017, 122(10): 7511-7524.

[70] YONEDA J, JIN Y, KATAGIRI J, et al. Strengthening mechanism of cemented hydrate-bearing sand at microscales[J]. Geophysical Research Letters, 2016, 43(14): 7442-7450.

[71] KATO A, NAKATA Y, HYODO M, et al. Macro and micro behaviour of methane hydrate-bearing sand subjected to plane strain compression[J]. Soils and Foundations, 2016, 56(5): 835-847.

[72] LI Y, WU P, LIU W, et al. A microfocus x-ray computed tomography based gas hydrate triaxial testing apparatus[J]. Review of Scientific Instruments, 2019, 90(5): 055106.

[73] HYODO M, LI Y, YONEDA J, et al. Effects of dissociation on the shear strength and deformation behavior of methane hydrate-bearing sediments[J]. Marine and Petroleum Geology, 2014, 51: 52-62.

[74] SONG Y, ZHU Y, LIU W, et al. Experimental research on the mechanical properties of methane hydrate-bearing sediments during hydrate dissociation[J]. Marine and petroleum geology, 2014, 51: 70-78.

[75] SONG Y, LUO T, MADHUSUDHAN B, et al. Strength behaviors of CH_4 hydrate-bearing silty sediments during thermal decomposition[J]. Journal of Natural Gas Science and Engineering, 2019, 72: 103031.

[76] ZHANG X, LUO D, LU X, et al. Mechanical properties of gas hydrate-bearing sediments during hydrate dissociation[J]. Acta Mechanica Sinica, 2018, 34(2): 266-274.

[77] CUNDALL P A, STRACK O D L. A discrete numerical model for granular assemblies[J]. Géotechnique, 1979, 29(1): 47-65.

[78] DRESCHER A, de JOSSELIN de JONG G. Photoelastic verification of a mechanical model for the flow of a granular material. Journal of the Mechanics and Physics of Solids, 1972, 20(5): 337-340.

[79] ROTHENBURG L, SELVADURAI A. Micromechanical definition of the Cauchy stress tensor for particulate media[M]//I M Allison. Mechanics of Structured Media, Elsevier Scientific, 1981: 469-486.

[80] KRUYT N, ROTHENBURG L. Micromechanical definition of the strain tensor for granular materials[J]. Journal of Applied Mathematics, 1996, 63(3): 706-711.

[81] BAGI K. Analysis of microstructural strain tensors for granular assemblies[J]. International Journal of Solids and Structures, 2006, 43(10): 3166-3184.

[82] CAMBOU B, CHAZE M, DEDECKER F. Change of scale in granular materials[J]. European Journal of Mechanics-A/Solids, 2000, 19(6): 999-1014.

[83] THORNTON C. Numerical simulations of deviatoric shear deformation of granular media[J]. Géotechnique, 2000, 50(1): 43-53.

[84] ODA M. Initial fabrics and their relations to mechanical properties of granular material[J]. Soils and Foundations, 1972, 12(1): 17-36.

[85] JIANG M J, HARRIS D, YU H S. Kinematic models for non-coaxial granular materials: Part I theory[J]. International Journal for Numerical and Analytical Methods in Geomechanics, 2005, 29 (7): 643-661.

[86] JIANG M J, ZHANG F G, SUN Y G. An evaluation on the degradation evolutions in three constitutive models for bonded geomaterials by DEM analyses[J]. Computers and Geotechnics, 2014, 57: 1-16.

[87] 沈珠江. 结构性粘土的非线性损伤力学模型[J]. 水利水运科学研究, 1993(3): 247-255.

[88] 沈珠江. 结构性粘土的弹塑性损伤模型[J]. 岩土工程学报, 1993, 15(3): 21-28.

[89] ASAOKA A, NAKANO M, NODA T. Superloading yield surface concept for highly structured soil behavior[J]. Soils and Foundations, 2000, 40(2): 99-110.

[90] NOVA R, CASTELLANZA R, TAMAGNINI C. A constitutive model for bonded geomaterials subject to mechanical and/or chemical degradation[J]. International Journal For Numerical And Analytical Methods In Geomechanics, 2003, 27(9): 705-732.

[91] ROUAINIA M, MUIR WOOD D. A kinematic hardening constitutive model for natural clays with loss of structure[J]. Géotechnique, 2000, 50(2): 153-164.

[92] LIU M D, CARTER J P. Virgin compression of structured soils[J]. Géotechnique, 1999, 49(1): 43-57.

[93] MOLLON G, ZHAO J D. Generating realistic 3d sand particles using fourier descriptors[J]. Granular Matter, 2013, 15(1): 95-108.

[94] LI X, YANG D, YU H S. Macro deformation and micro structure of 3D granular assemblies subjected to rotation of principal stress axes[J]. Granular Matter, 2016, 18(3): 1-20.

[95] JIANG M J, YU H S, HARRIS D. A novel discrete model for granular material incorporating rolling resistance[J]. Computers and Geotechnics, 2005, 32(5): 340-357.

[96] JIANG M J, SHEN Z F, WANG J F. A novel three-dimensional contact model for granulates incorporating rolling and twisting resistances[J]. Computers and Geotechnics, 2015, 65: 147-163.

[97] FENG Y T, OWEN D R J. Discrete element modelling of large scale particle systems: I exact scaling laws[J]. Computational Particle Mechanics, 2014, 1(2): 159-168.

[98] KATSUKI S, ISHIKAWA N, OHIRA Y, et al. Shear strength of rod material[J]. Journal of Civil Engineering, 1989, 410(8): 1-12. (in Japanese)

[99] ROTHENBURG L, BATHURST R J. Micromechanical features of granular assemblies with planar elliptical particles[J]. Géotechnique, 1992, 42(1): 79-95.

[100] CIANTIA M O, BOSCHI K, SHIRE T, et al. Numerical techniques for fast generation of large discrete-element models[J]. Engineering and Computational Mechanics, 2018: 1-15.

[101] JIANG M J, KONRAD J M, LEROUEIL S. An efficient technique for generating homogeneous specimens for DEM studies[J]. Computers and Geotechnics, 2003, 30(5): 579-597.

[102] JIANG M J, LI T, HU H J, et al. DEM analyses of one-dimensional compression and collapse behaviour of unsaturated structural loess[J]. Computers and Geotechnics, 2014, 60: 47-60.

[103] TSUJI Y, KAWAGUCHI T, TANAKA T. Discrete particle simulation of two-dimensional fluidized bed[J]. Powder Technology, 1993, 77(1): 79-87.

[104] EL SHAMY U, ZEGHAL M. Coupled continuum-discrete model for saturated granular soils[J]. Journal of Engineering Mechanics, 2005, 131(4): 413-426.

[105] POTAPOV A V，HUNT M L，CAMPBELL C S. Liquid-solid flows using smoothed particle hydrodynamics and the discrete element method[J]. Powder Technology，2001,116(2)：204-213.

[106] TAN H，CHEN S. A hybrid DEM-SPH model for deformable landslide and its generated surge waves[J]. Advances in Water Resources，2017，108：256-276.

[107] COOK B K，NOBLE D R，PREECE D S，et al. Direct simulation of particle-laden fluids[C]// Pacific Rocks Rotterdam，2000：279-286.

[108] TRAN D K，PRIME N，FROIIO F，et al. Numerical modelling of backward front propagation in piping erosion by DEM-LBM coupling [J]. European Journal of Environmental and Civil Engineering，2017，21(7-8)：960-987.

[109] 罗勇，龚晓南，吴瑞潜. 颗粒流模拟和流体与颗粒相互作用分析[J]. 浙江大学学报（工学版），2007，41(11)：1932-1936.

[110] ZEGHAL M，EL SHAMY U. Liquefaction of saturated loose and cemented granular soils[J]. Powder Technology，2008，184(2)：254-265.

[111] ZHAO J D，SHAN T. Coupled CFD-DEM simulation of fluid-particle interaction in geomechanics [J]. Powder Technology，2013，239：248-258.

[112] 王胤，艾军，杨庆. 考虑粒间滚动阻力的 CFD-DEM 流-固耦合数值模拟方法[J]. 岩土力学，2017，38(6)：1771-1780.

[113] ZHAO T，DAI F，XU N W. Coupled DEM-CFD investigation on the formation of landslide dams in narrow rivers[J]. Landslides，2017，14(1)：189-201.

[114] CHENG K，WANG Y，YANG Q. A semi-resolved CFD-DEM model for seepage-induced fine particle migration in gap-graded soils[J]. Computers and Geotechnics，2018，100：30-51.

[115] 蒋明镜，张望城. 一种考虑流体状态方程的土体 CFD-DEM 耦合数值方法[J]. 岩土工程学报，2014,36(5)：793-801.

[116] 沈亚男. 净砂管涌理论的三维 CFD-DEM 耦合分析[D]. 南京：河海大学，2017.

[117] 谭亚飞鸥. 考虑循环荷载的三维微观胶结模型及微生物处理砂土循环三轴 CFD-DEM 耦合模拟[D]. 上海：上海理工大学，2018.

[118] WANNE T S，YOUNG R P. Bonded-particle modeling of thermally fractured granite[J]. International Journal of Rock Mechanics and Mining Sciences，2008，45(5)：789-799.

[119] XIA M，ZHAO C，HOBBS B E. Particle simulation of thermally-induced rock damage with consideration of temperature-dependent elastic modulus and strength [J]. Computers and Geotechnics，2014，55：461-473.

[120] TOMAC I，GUTIERREZ M. Formulation and implementation of coupled forced heat convection and heat conduction in DEM[J]. Acta Geotechnica，2015，10(4)：421-433.

[121] 朱方园. 深海能源土温-压-力微观胶结模型及水合物升温分解锚固桩承载特性离散元分析[D]. 上海：同济大学，2013.

[122] FELIPPA C A，PARK K C. Staggered transient analysis procedures for coupled mechanical systems：Formulation[J]. Computer Methods in Applied Mechanics & Engineering，1980，24 (1)：61-111.

[123] TRIVINO L F，MOHANTY B. Assessment of crack initiation and propagation in rock from explosion-induced stress waves and gas expansion by cross-hole seismometry and FEM-DEM method[J]. International Journal of Rock Mechanics and Mining Sciences，2015，77：287-299.

[124] TU F, LING D, HU C, et al. DEM-FEM analysis of soil failure process via the separate edge coupling method[J]. International Journal for Numerical & Analytical Methods in Geomechanics, 2017, 41(9).

[125] MOHAMMADI S, OWEN D R J, PERIC D. A combined finite/discrete element algorithm for delamination analysis of composites[J]. Finite Elements in Analysis & Design, 1998, 28(4): 321-336.

[126] INDRARATNA B, NGO N T, RUJIKIATKAMJORN C, et al. Coupled discrete element-finite difference method for analysing the load-deformation behaviour of a single stone column in soft soil [J]. Computers and Geotechnics, 2015, 63: 267-278.

[127] CAI M, KAISER P K, MORIOKA H, et al. FLAC/PFC coupled numerical simulation of AE in large-scale underground excavations[J]. International Journal of Rock Mechanics and Mining Sciences, 2007, 44(4): 550-564.

[128] ZHAO X, XU J, ZHANG Y, et al. Coupled DEM and FDM Algorithm for Geotechnical Analysis [J]. International Journal of Geomechanics, 2018, 18(6): 1-14.

[129] 金峰, 王光纶, 贾伟伟. 离散元-边界元动力耦合模型在地下结构动力分析中的应用[J]. 水利学报, 2001, 46(2): 24-28.

[130] WANG H N, XIAO G, JIANG M J, et al. Investigation of rock bolting for deeply buried tunnels via a new efficient hybrid DEM-Analytical model [J]. Tunnelling and Underground Space Technology, 2018, 82: 366-379.

[131] 倪小东, 朱春明, 王媛. 基于三维离散-连续耦合方法的堤防工程渗透变形数值模拟方法[J]. 土木工程学报, 2015, 48(S1): 159-165.

[132] 金炜枫, 周健. 引入流体方程的离散颗粒-连续土体耦合方法研究[J]. 岩石力学与工程学报, 2015, 34(6): 1135-1147.

[133] 窦晓峰, 宁伏龙, 李彦龙, 等. 基于连续-离散介质耦合的水合物储层出砂数值模拟[J]. 石油学报, 2020, 41(5): 629-642.

[134] XAVIER B, ALBAN R, PEYRAUT A, et al. 6-way coupling of DEM + CFD + FEM with preCICE[R/OL]. preCICE Workshop 2020. https://orbilu.uni.lu/handle/10993/41617.

[135] BARDET J P. Observations on the effects of particle rotations on the failure of idealized granular materials[J]. Mechanics of Materials, 1994, 18(2): 159-182.

[136] CUNDALL P A. Computer simulations of dense sphere assemblies[J]. Studies in Applied Mechanics, 1988, 20: 113-123.

[137] THORNTON C, CUMMINS S J, CLEARY P W. An investigation of the comparative behaviour of alternative contact force models during inelastic collisions[J]. Powder Technology, 2013, 233: 30-46.

[138] JIANG M J, LEROUEIL S, KONRAD J M. Insight into shear strength functions of unsaturated granulates by DEM analyses[J]. Computers and Geotechnics, 2004, 31(6): 473-489.

[139] LI T, JIANG M J, THORNTON C. Three-dimensional discrete element analysis of triaxial tests and wetting tests on unsaturated compacted silt[J]. Computers and Geotechnics, 2018, 97: 90-102.

[140] JIANG M J, SHEN Z F, THORNTON C. Microscopic contact model of lunar regolith for high efficiency discrete element analyses[J]. Computers and Geotechnics, 2013, 54: 104-116.

[141] LU N, ANDERSON M T, LIKOS W J, et al. A discrete element model for kaolinite aggregate formation during sedimentation[J]. International Journal for Numerical and Analytical Methods in Geomechanics, 2008, 32(8): 965-980.

[142] POTYONDY D O, CUNDALL P A. A bonded-particle model for rock[J]. International Journal of Rock Mechanics and Mining Sciences, 2004, 41(8): 1329-1364.

[143] POTYONDY D O. Parallel-bond refinements to match macroproperties of hard rock[C]// Proceedings of Second International FLAC/DEM Symposium, Melbourne, 2011.

[144] DING X, ZHANG L. A new contact model to improve the simulated ratio of unconfined compressive strength to tensile strength in bonded particle models[J]. International Journal of Rock Mechanics and Mining Sciences, 2014, 69: 111-119.

[145] MA Y F, HUANG H Y. A displacement-softening contact model for discrete element modeling of quasi-brittle materials[J]. International Journal of Rock Mechanics and Mining Sciences, 2018, 104: 9-19.

[146] BRENDEL L, TÖRÖK J, KIRSCH R, et al. A contact model for the yielding of caked granular materials[J]. Granular Matter, 2011, 13(6): 777-786.

[147] BROWN N J, CHEN J F, OOI J Y. A bond model for DEM simulation of cementitious materials and deformable structures[J]. Granular Matter, 2014, 16(3): 299-311.

[148] JIANG M J, SUN Y G, LI L Q, et al. Contact behavior of idealized granules bonded in two different interparticle distances: An experimental investigation[J]. Mechanics of Materials, 2012, 55(14): 1-15.

[149] JIANG M J, ZHANG N, CUI L, et al. A size-dependent bond failure criterion for cemented granules based on experimental studies[J]. Computers and Geotechnics, 2015, 69: 182-198.

[150] JIANG M J, LIU F, ZHOU Y P. A bond failure criterion for DEM simulations of cemented geomaterials considering variable bond thickness[J]. International Journal for Numerical and Analytical Methods in Geomechanics, 2014, 38(18): 1871-1897.

[151] SHEN Z F, JIANG M J, WAN R. Numerical study of inter-particle bond failure by 3D discrete element method[J]. International Journal for Numerical and Analytical Methods in Geomechanics, 2016, 40(4): 523-545.

[152] WANG H N, GONG H, LIU F, et al. Size-dependent mechanical behavior of an intergranular bond revealed by an analytical model[J]. Computers and Geotechnics, 2017, 89: 153-167.

[153] JIANG M J, CHEN H, CROSTA G B. Numerical modeling of rock mechanical behavior and fracture propagation by a new bond contact model[J]. International Journal of Rock Mechanics and Mining Sciences, 2015, 78: 175-189.

[154] JIANG M J, JIANG T, CROSTA G B, et al. Modeling failure of jointed rock slope with two main joint sets using a novel DEM bond contact model[J]. Engineering Geology, 2015, 193: 79-96.

[155] SHEN Z F, JIANG M J, THORNTON C. DEM simulation of bonded granular material: Part I contact model and application to cemented sand[J]. Computers and Geotechnics, 2016, 75: 192-209.

[156] 李涛, 蒋明镜, 张鹏. 非饱和结构性黄土侧限压缩和湿陷试验三维离散元分析[J]. 岩土工程学报, 2018, 40(S1): 39-44.

[157] JIANG M J, YU H S, HARRIS D. Bond rolling resistance and its effect on yielding of bonded

granulates by DEM analyses[J]. International Journal for Numerical and Analytical Methods in Geomechanics, 2006, 30(8): 723-761.

[158] 蒋明镜, 周雅萍, 陈贺. 不同胶结厚度粒间胶结微观模型参数试验研究[J]. 岩土力学, 2012, 34(5): 1264-1273.

[159] JIANG M J, SUN Y G, XIAO Y. An experimental investigation on the contact behavior between cemented granules[J]. Geotechnical Testing Journal, 2012, 35(5): 678-690.

[160] ELLYIN F, ZIHUI X. Nonlinear viscoelastic constitutive model for thermoset polymers[J]. Journal of Engineering Materials and Technology, 2006, 128(4): 579-585.

[161] HUSSEIN A, MARZOUK H. Behavior of high-strength concrete under biaxial stresses[J]. ACI Materials Journal, 2000, 97(1): 27-36.

[162] KUPFER H, HILSDORF H K, RUSCH H. Behavior of concrete under biaxial stresses[J]. ACI Journal Proceedings, 1969, 66(52): 656-666.

[163] NADREAU J P, MICHEL B. Yield and failure envelope for ice under multiaxial compressive stresses[J]. Cold Regions Science and Technology, 1986, 13(1): 75-82.

[164] DVORKIN J, HELGERUD M B, WAITE W F, et al. Introduction to physical properties and elasticity models[J]. Natural Gas Hydrate, Springer, 2003: 245-260.

[165] CHOI J H, KOH B H. Compressive strength of ice-powder pellets as portable media of gas hydrate[J]. International Journal of Precision Engineering and Manufacturing, 2009, 10(5): 85-88.

[166] DURHAM W B, STERN L A, KIRBY S H. Ductile flow of methane hydrate[J]. Canadian Journal of Physics, 2003, 81: 373-380.

[167] ATIG D, BROSETA D, PEREIRA J, et al. Contactless probing of polycrystalline methane hydrate at pore scale suggests weaker tensile properties than thought[J]. Nature Communications, 2020, 11: 3379.

[168] MAJEED S A. Effect of specimen size on compressive, modulus of rupture and splitting strength of cement mortar[J]. Journal of Applied Sciences, 2011, 11(3): 584-588.

[169] ABDULLA A A, KIOUSIS P D. Behavior of cemented sands-I. Testing[J]. International Journal for Numerical and Analytical Methods in Geomechanics, 1997, 21: 533-547.

[170] MALAIKAH A S. A proposed relationship for the modulus of elasticity of high strength concrete using local materials in Riyadh[J]. Journal of King Saud University, 2005, 17(2): 131-141.

[171] JIN S, TAKEYA S, HAYASHI J, et al. Structure analyses of artificial methane hydrate sediments by microfocus X-ray computed tomography[J]. Japanese Journal of Applied Physics, 2004, 43(8A): 5673-5675.

[172] TSUJI Y, TANAKA T, ISHIDA T. Lagrangian numerical simulation of plug flow of cohesionless particles in a horizontal pipe[J]. Powder Technology, 1992, 71(3): 239-250.

[173] YU A B, XU B H. Particle-scale modelling of gas-solid flow in fluidization[J]. Journal of Chemical Technology and Biotechnology, 2003, 78(2-3): 111-121.

[174] IMRE B, RÄBSAMEN S, SPRINGMAN S. A coefficient of restitution of rock materials[J]. Computers and Geosciences, 2008, 34(4): 339-350.

[175] YUN T, FRANCISCA F, SANTAMARINA J, et al. Compressional and shear wave velocities in uncemented sediment containing gas hydrate[J]. Geophysical Research Letters, 2005, 32(10):

L10609.

[176] ROSCOE K. The influence of strains in soil mechanics[J]. Géotechnique, 1970, 20(2): 129-170.

[177] SEOL Y, LEI L, CHOI J H, et al. Integration of triaxial testing and pore-scale visualization of methane hydrate bearing sediments[J]. Review of Scientific Instruments, 2019, 90(12): 124504.

[178] RICE JR. The localization of plastic deformation[J]. IUTAM Congress on Theoretical and Applied Mechanics, North-Holland, Amsterdam, 1976: 207-220.

[179] ISSEN K A, RUDNICKI J W. Theory of compaction bands in porous rock[J]. Physics and Chemistry of the Earth Part A Solid Earth & Geodesy, 2001, 26(1-2): 95-100.

[180] BERNARD X D, EICHHUBL P, AYDIN A. Dilation bands: A new form of localized failure in granular media[J]. Geophysical Research Letters, 2002, 29(24): 2176.

[181] 刘昌岭, 业渝光, 孟庆国, 等. 南海神狐海域天然气水合物样品的基本特征[J]. 热带海洋学报, 2012, 31(5): 1-5.

[182] 吴能友, 张海放, 杨胜雄, 等. 南海神狐海域天然气水合物成藏系统初探[J]. 天然气工业, 2007, 27(9): 1-6.

[183] 张俊清. 海洋浮式结构桩基础的抗拔极限承载力分析[D]. 大连: 大连理工大学, 2008.

[184] 杨志方, 过震文. 东海大桥大直径钢管桩的选择和应用[J]. 世界桥梁, 1995, (B09): 21-24.

[185] Itasca Consulting Group Inc. Particle Flow Code in 2 Dimensions Version 4.0[Z]. Minnesota, 2008.

[186] 苏正, 何勇, 吴能友. 南海北部神狐海域天然气水合物热激发开采潜力的数值模拟分析[J]. 热带海洋学报, 2012, 31(5): 74-82.

[187] 李刚, 李小森, 陈琦, 等. 南海神狐海域天然气水合物开采数值模拟[J]. 化学学报, 2010, 68(11): 1083-1092.

[188] 张旭辉, 刘艳华, 李清平, 等. 沉积物中导热体周围水合物分解范围研究[J]. 力学与实践, 2010, (2): 39-41.

[189] 位东升. 斜向荷载作用下螺旋桩基础力学特性试验研究[D]. 沈阳: 东北大学, 2009.

[190] 张俊清. 海洋浮式结构桩基础的抗拔极限承载力分析[D]. 大连: 大连理工大学, 2008.

[191] 孙运宝, 吴时国, 王志君, 等. 南海北部白云大型海底滑坡的几何形态与变形特征[J]. 海洋地质与第四纪地质, 2008, 28(6): 69-77.

[192] 张伟, 梁金强, 苏丕波, 等. 南海北部陆坡高饱和度天然气水合物气源运聚通道控藏作用[J]. 中国地质, 2018, 45(1): 1-14.

[193] ZHANG X H, LU X B, SHI Y H, et al. Centrifuge experimental study on instability of seabed stratum caused by gas hydrate dissociation[J]. Ocean Engineering, 2015, 105: 1-9.

[194] SULTAN N. Comment on "Excess pore pressure resulting from methane hydrate dissociation in marine sediments: A theoretical approach" by Wenyue Xu and Leonid N Germanovich[J]. Journal of Geophysical Research: Solid Earth (1978-2012), 2007, 112(B2).

[195] JIANG M, SUN Y, YANG Q. A simple distinct element modeling of the mechanical behavior of methane hydrate-bearing sediments in deep seabed[J]. Granular Matter, 2013, 15(2): 209-220.

[196] ANDERSON T B, JACKSON R. Fluid mechanical description of fluidized beds. Equations of motion[J]. Industrial and Engineering Chemistry Fundamentals, 1967, 6(4): 527-539.

[197] SHAFIPOUR R, SOROUSH A. Fluid coupled-DEM modelling of undrained behavior of granular media[J]. Computers and Geotechnics, 2008, 35(5): 673-685.

[198] TAIT P G. Report on some of the physical properties of fresh water and of sea-water[M]. Johnson Reprint Corporation, 1965.

[199] LI Y H. Equation of state of water and sea water[J]. Journal of Geophysical Research, 1967, 72(10): 2665-2678.

[200] ERGUN S. Fluid flow through packed columns[J]. Chemical Engineering Progress, 1952, 48(2): 89-94.

[201] WEN C, YU Y. Mechanics of fluidization[J]. Chemical Engineering Progress Symposium Series, 1966, 162: 100-111.

[202] TSUJI Y, MORIKAWA Y, MIZUNO O. Experimental measurement of the Magnus force on a rotating sphere at low Reynolds numbers[J]. Journal of Fluids Engineering, 1985, 107(4): 484-488.

[203] RUBINOW S, KELLER J B. The transverse force on a spinning sphere moving in a viscous fluid [J]. Journal of Fluid Mechanics, 1961, 11(3): 447-459.

[204] BARKLA H, AUCHTERLONIE L. The Magnus or Robins effect on rotating spheres[J]. Journal of Fluid Mechanics, 1971, 47(3): 437-447.

[205] El SHAMY U, ZEGHAL M. A micro-mechanical investigation of the dynamic response and liquefaction of saturated granular soils[J]. Soil Dynamics and Earthquake Engineering, 2007, 27(8): 712-729.

[206] ZHOU J, WANG Z, CHEN X, et al. Uplift mechanism for a shallow-buried structure in liquefiable sand subjected to seismic load: Centrifuge model test and DEM modeling [J]. Earthquake Engineering and Engineering Vibration, 2014, 13(2): 203-214.

[207] El SHAMY U, DENISSEN C. Microscale characterization of energy dissipation mechanisms in liquefiable granular soils[J]. Computers and Geotechnics, 2010, 37(7): 846-857.

[208] ZHANG L, LUAN X W. Stability of submarine slopes in the northern South China Sea: a numerical approach[J]. Chinese Journal of Oceanology and Limnology, 2013, 31(1): 146-158.

[209] KINGSTON E, CLAYTON C, PRIEST J. Gas hydrate growth morphologies and their effect on the stiffness and damping of a hydrate bearing sand[C]// Proceedings of the 6th International Conference on Gas Hydrates, 2008.

[210] 黄鑫,蔡明杰,毛良杰,等.南海固态流化开采天然气水合物设计参数优化[J].科学技术与工程, 2020,20(33):13647-13653.

[211] 万义钊,陈强,吴能友,等.南海粉砂质水合物水平井开采地层稳定性分析[C]//全国固体力学学术会议,2018.

[212] 谭琳,刘芳.水平井降压法和热激法水合物开采对海底边坡稳定性的影响[J].力学学报,2020, 52(2):567-577.

[213] 冯景春,李小森,王屹,等.三维实验模拟双水平井联合法开采天然气水合物[J].现代地质,2016, 30(4):929-936.

[214] 蒋贝贝,李海涛,王跃曾,等.双层分支水平井注热海水法开采海底天然气水合物经济性评价[J]. 石油钻采工艺,2015,37(1):87-91.